装配式混凝土带抗剪键叠合板
受力性能及设计方法

李 明 吴 潜 张杭

中国建筑工业出版社

图书在版编目（CIP）数据

装配式混凝土带抗剪键叠合板受力性能及设计方法/
李明，吴潜，张壮南著. —北京：中国建筑工业出版社，
2019.9
ISBN 978-7-112-24163-7

Ⅰ．①装…　Ⅱ．①李…②吴…③张…　Ⅲ．①装配式
混凝土结构-叠合板-受力性能-研究②装配式混凝土结
构-叠合板-结构设计-研究　Ⅳ.①TU375.2

中国版本图书馆 CIP 数据核字（2019）第 193143 号

　　装配式混凝土结构是以预制构件为主要组成部分，经装配、连接、部分现浇而成的混凝土结构，具有构件生产标准化、质量容易保证、模板用量少、施工成本低、施工周期短等优点。近 10 年来，随着技术的进步，国内开始重视装配式混凝土结构的发展，无论是在科研还是实际工程中，均取得了突飞猛进的进展。但其设计和施工方法还存在不足，关键技术也有待加强研究。其中，叠合板楼板作为重要的承重构件，也成为研究的主要对象。针对现有叠合板楼板的缺点和不足，作者提出了一种带抗剪键的混凝土叠合板，并与研究生开展了近 8 年时间的研究，取得了一定的研究成果。本书将作者所在团队近几年关于叠合板的研究成果系统整理，详细阐述了其设计原理、施工和工程应用方法，希望能够为装配式混凝土结构的发展提供技术支持！

　　本书可供土木工程、地震工程等专业的科学研究人员、工程技术人员、研究生以及高等院校的教师参考。

责任编辑：万　李
责任校对：党　蕾　李美娜

装配式混凝土带抗剪键叠合板受力性能及设计方法
李　明　吴　潜　张壮南　著

*

中国建筑工业出版社出版、发行（北京海淀三里河路 9 号）
各地新华书店、建筑书店经销
霸州市顺浩图文科技发展有限公司制版
北京建筑工业印刷厂印刷

*

开本：787 毫米×1092 毫米　1/16　印张：6¾　字数：165 千字
2020 年 9 月第一版　　2020 年 9 月第一次印刷
定价：**35.00** 元
ISBN 978-7-112-24163-7
(34701)

作者简介

　　李明，男，博士，硕士研究生导师。1998—2002 年，就读于沈阳建筑大学攻读建筑工程学士学位；2002—2005 年，就读于沈阳建筑大学攻读结构工程硕士学位；2006—2010 年，就读于中国地震局工程力学研究所攻读防灾减灾工程及防护工程博士学位；2005 年至今工作于沈阳建筑大学；2010—2011 年，中国建筑东北设计研究院有限公司兼职；2013—2016 年，中国矿业大学博士后流动站、江河创建集团股份有限公司博士后工作站，清华大学博士后访问学者；2011 年至今，从事装配式混凝土结构的研究。

　　辽宁省土木建筑学会装配式建筑专业委员会秘书长，中国钢结构协会结构稳定与疲劳分会会员，国家一级注册结构工程师；第一作者出版专著 1 部；发表论文近 30 余篇，SCI 收录 1 篇，EI 收录 19 篇；主持或参加省部级及国家重大课题的研究工作近 20 项；获授权实用新型专利 28 项、授权发明专利 16 项；完成多项工程结构的设计计算分析工作；获辽宁省科技进步三等奖 1 项，沈阳市科技进步三等奖 1 项。

前　言

目前，我国的建筑多采用现浇混凝土结构，尽管生产工艺和施工手段相对成熟，但现浇混凝土结构现场湿作业较多，施工环境差，环境污染和施工扰民等现象严重，同时现浇混凝土结构在施工过程中还要消耗大量的木材用于模板、临时支撑和脚手架等，建筑的质量和性能也难以保证。为此，以预制装配式技术为核心的装配式混凝土结构近年来在我国得到了大力推广，相比于传统的现浇混凝土结构，装配式混凝土结构可以有效地降低资源和能源消耗，提高建筑整体质量和劳动生产力，更加符合绿色建筑的发展要求。

装配式混凝土结构是以预制构件为主要组成部分，经装配、连接、部分现浇而成的混凝土结构，具有构件生产标准化、质量容易保证、模板用量少、施工成本低、施工周期短等优点，在建筑工程领域具有很长的应用历史。20 世纪 50 年代，欧洲一些国家为解决房荒问题，掀起了住宅建筑工业化的高潮，到了 60 年代，扩展到美国、加拿大、日本等经济发达国家，随后，住宅建筑工业化开始由数量上的发展逐渐向质量提高的方向过渡。1989 年，在国际建筑研究与文献委员会（CIB）第 11 届大会上，建筑工业化的发展被列为世界建筑技术的八大发展趋势之一。

我国在 20 世纪 80 年代，由于当时标准化、工厂化生产的要求，预制混凝土产品应用较为广泛，并在 80 年代中期达到鼎盛时期。但在进入 20 世纪 90 年代后，由于预制构件技术自身原因及现浇混凝土技术的突飞猛进，装配式混凝土结构逐步退出历史的舞台。近年来，尤其是进入 21 世纪以来，随着科技的进步和施工技术的发展，国内开始重新重视起装配式混凝土结构的发展，无论是在科研还是实际工程中，均取得了突飞猛进的进展，预制装配式混凝土建筑迎来了发展的春天。尽管如此，其设计和施工方法依然存在着不足，关键技术也有待加强研究。

作者所在的课题组，在近 6 年，完成了国家自然科学基金面上项目"装配整体式混凝土结构体系关键技术与设计理论研究（51278312）"、科技部"十二五"项目下的课题"装配式建筑混凝土框架-剪力墙结构关键技术研究（2011BAJ10B04）"、住房城乡建设部课题"混凝土住宅工业化关键技术研究（2012-K4-06）"等的研究，在装配式混凝土结构的剪力墙和框架柱连接、剪力墙和框架梁连接、连梁和剪力墙连接以及新型叠合板楼板的研发方面均取得了丰硕的研究成果。

目前国内的装配式剪力墙住宅结构，楼板普遍采用的是自承式钢筋桁架混凝土叠合板，这种楼板由于预制和现浇部分采用钢桁架筋连接，大大增加了钢筋用量，同时这种板为保证预制与现浇部分的可靠连接，采用的钢桁架筋较高，导致板较厚，因此，与普通现浇板相比，大大增加了钢筋和混凝土材料的用量及工程造价。因此，针对上述问题，作者提出了一种带抗剪键的新型叠合板，以混凝土抗剪键取代钢桁架筋，从而达到减少钢筋用量和板厚、降低工程造价的目的。本书将系统介绍该种板的力学性能和设计施工方法，为该种板的设计提供依据。

本书的完成得到了沈阳建筑大学硕士研究生王浩然、唐元昊、杨贺、董胜男、闫东、郭伟强、宋广深、李大鹏、谢可可、李金龙和朱建平的大力支持与配合，在此表示衷心的感谢！

由于作者的水平有限，书中难免存在疏漏和不妥之处，恳请读者批评指正！

目　录

第1章 绪 论

1.1 研究背景和意义

20 世纪 50 年代，欧洲一些国家为解决房荒问题，掀起了住宅建筑工业化的高潮，到了 60 年代，扩展到美国、加拿大、日本等经济发达国家，随后，住宅建筑工业化开始由数量上的发展逐渐向质量提高的方向过渡。1989 年，在国际建筑研究与文献委员会（CIB）第 11 届大会上，建筑工业化的发展被列为世界建筑技术的八大发展趋势之一。我国在 20 世纪 80 年代，由于当时标准化、工厂化生产的要求，预制混凝土产品应用较为广泛，主要有预制梁柱、预制楼板、预制叠合楼板及预制混凝土墙板等，并在 80 年代中期达到鼎盛时期。但在进入 20 世纪 90 年代后，由于预制构件技术自身原因及现浇混凝土技术的突飞猛进，预制梁、柱、墙板逐步被取代，到 90 年代后期急转直下持续滑坡。预制混凝土构件之所以衰退主要还是技术方面的原因，首先是设计原因，缺乏对预制拼装房屋结构的认知，例如大板多层和高层公寓建筑，由于开间太小、承重墙过多、预制构件间连接困难、用钢量大等原因，缺乏经济竞争力；其次是加工制作和装配技术的原因，当时预制构件加工精度和生产工艺的落后直接影响了建筑质量。

而今又开始研究并应用装配式混凝土结构，是因为时代在发展、技术在创新，特别是现代预制混凝土加工精度和质量与当年已不可同日而语，施工技术早已不是障碍，以现代的技术和施工水平，完全可以在保证结构质量的前提下实现装配式结构的优点。沈阳作为全国首个国家现代建筑产业化试点城市，积极推进现代建筑产业发展，已经开展了以日本鹿岛、积水建设装配式技术为主的示范工程项目建设。但同时也应看到，装配式混凝土结构在国内发展时间还很短，其设计和施工方法还存在严重不足，其关键技术还有待加强研究。

为此，国内外开展了大量装配式混凝土结构的研究。在楼板方面，研发了多种钢筋混凝土叠合楼板，但目前这些叠合楼板还存在不同的缺点。同时，鉴于楼板结构在建筑结构体系中占有很大比例，所以对叠合楼板进行深入的研究依旧具有很高的经济和社会价值。

1.2 叠合板简介

1.2.1 叠合板的概念

叠合板是工厂生产的预制构件与施工现场浇筑相结合的一种结构形式，先在预制构件厂进行钢筋混凝土预制底板的生产，然后在施工现场以预制底板为模板，在其上布置负弯矩筋，再浇筑一层混凝土，等待后浇筑的混凝土结硬后，由预制底板和后浇层组成的楼板即为钢筋混凝土叠合板。叠合板结合了现浇结构与预制结构这两种结构的特点，受到了人们的广泛重视，具有较高的研究价值和良好的发展前景。

1.2.2　叠合板的特点

从制作工艺的角度来看，与现浇钢筋混凝土楼板相比，预制底板可以在机械化程度高的工厂以工业流水作业的方式进行生产制作，这样生产的优势在于不仅可靠地保障了预制底板的质量，而且可以重复使用预制底板的模板，在现场施工中更可以以预制底板为模板在其上部浇筑叠合层混凝土，达到缩短施工工期及加快施工进度的目的，同时可以避免施工现场支模及湿作业带来的环境问题，更符合绿色施工的节地、节能、节材、节水和环境保护的要求。从受力性能的角度来看，与现浇楼板相比，装配式楼板整体性能差和抗震性能差的缺点也得到了解决。

然而，钢筋混凝土叠合板仍存在一些缺点：首先，预制构件是在工厂生产的，后浇混凝土是在施工现场进行的，在龄期和混凝土强度方面可能存在差异。其次，在施工现场的施工中，预制结构往往需要吊装安装，这样就加大了现场吊装的施工难度，同时也增加了施工安全的管理难度。最重要的是，新旧混凝土叠合面的抗剪性能问题，即新旧混凝土能否共同工作也是保证钢筋混凝土叠合板整体性的关键要素。

1.3　叠合板的研究现状

1.3.1　普通叠合板的研究现状

早在 20 世纪 20 年代国外就已经开始将叠合结构应用于混凝土桥梁上，40 年代起则开始用于房屋建筑，但是叠合结构在建筑中应用的进一步发展则是在 50 年代以后。最早叠合结构的应用是钢梁和现浇混凝土板的组合，也有的采用木梁和现浇混凝土板的组合，逐渐发展为预制构件和现浇混凝土层的组合，并且逐渐采用了预应力技术。

国外在 20 世纪 50 年代用得较多的是一种预应力棒，并在其上再浇筑低强度的混凝土称其为综合结构，如图 1-1 所示。

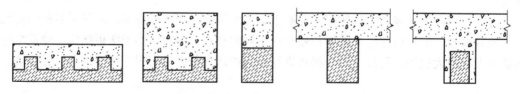

图 1-1　国外 20 世纪 50 年代的综合结构的截面形式

国外还利用预应力棒和薄板制造大型构件，例如屋架梁、格式柱、基础及大梁等。这种结构形式质量轻、灵活性大，并且运输方便，可应用于各种类型的结构中，波兰人曾称它为"万能构件"。20 世纪 50—60 年代期间，这种结构形式十分普遍。除此之外波兰还采用过一种称为 DMSZ 式的叠合结构的楼面，即采用预应力小梁作为装配式的承重构件，并在小梁上搁置预制的黏土空心砌块，并通过在其上部现浇的混凝土使三者共同工作，取

2

得了很好的经济效果。而英国在学校、医院、居住房屋中广泛地采用一种称为"什塔尔唐"系统的叠合楼板，并在特制的黏土空心砌块中施加预应力，形成了梁式装配承重构件，并在其上搁置混凝土空心块，最后再在其上面现浇混凝土使其形成整体。并且英国的混凝土有限公司又制作了一种"比藏"式的预应力混凝土板，这种板在施工的时候被用作模板，是用一种特制的"燕尾"形的沟槽来保证楼盖新旧混凝土的结合，如图 1-2 所示。

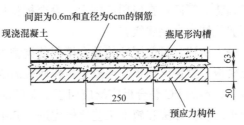

图 1-2 "比藏"型的叠合楼盖

20 世纪 60 年代初期，苏联应用预应力薄板制作混凝土装配整体式叠合楼盖，不用沟槽，单靠板上表面的人工粗糙面所获得的粘结力和摩擦力来保证新旧混凝土的共同工作，试验证明这种结构也是完全可靠的，并且这种结构成功地应用在苏联南方地区的抗震结构上。

德国和法国也广泛地采用了这种预应力薄板来制作混凝土装配整体式叠合楼盖，并在叠合面上添加了剪力钢筋，提出了设计的施工规程。在日本的熊谷组公司也开发出了一种叫作 PC 叠合板构件及半预制结构的体系，都取得了良好的应用及经济效果。

叠合板技术是在叠合梁技术的基础上所发展起来的，在欧洲的很多国家，例如法国和德国，叠合的连续板楼盖得到了广泛的采用。20 世纪 70 年代末，法国的建筑科学技术中心曾出版了有关采用预制混凝土薄板作为底板的叠合楼板的相关设计、计算、生产及使用的全部技术规定。在 20 世纪 80 年代初，德国的钢筋混凝土委员会主持并协调了预应力连续叠合板的研究计划，并对这种结构形式进行了系统的试验，取得了可靠的研究成果，还提出"关于预应力叠合板的设计建议"。

近年来的发展趋势则是钢-混凝土的叠合结构，这是一种在工字钢梁上设置抗剪铆钉，铆钉和有规则的波纹状的压型钢板连接，在压型钢板上再浇筑混凝土，从而形成的钢-混凝土叠合结构。其形式如图 1-3、图 1-4 所示。

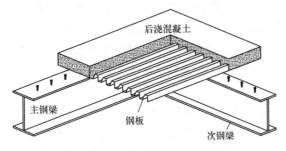

图 1-3 钢-混凝土叠合楼板示意图

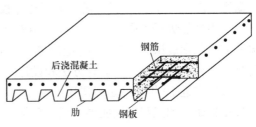

图 1-4 钢-混凝土叠合楼板剖面图

叠合板最早应用在桥梁上，经过不断的发展和更新，现今的叠合板已广泛应用在各种建筑结构形式中。在其发展过程中，叠合板本身也经历着一系列技术的变革。第一，在组成形式上，最早的叠合板是木梁、钢梁与现浇混凝土板的结合，后来发展为钢筋混凝土预制构件、压型钢板与现浇混凝土板的结合，而预应力技术的应用又使得叠合板的跨度进一步加大，并满足了不同使用功能的要求。第二，在制作工艺及材料使用上，预制底板同预制构件的发展趋势一样，从非预应力发展到了预应力，受力主筋从冷加工钢筋发展到了高强、低松弛的钢绞线、钢丝。第三，在受力形式上，房屋建筑的楼盖受力多为双向受力形式，按单向受力形式设计的叠合板楼盖，必将造成单向的配筋过多，但是另一方向又不能够承受双向受力的荷载，所以叠合板楼盖从单向受力形式转向双向受力形式成为其发展的必然趋势。第四，在应用范围上，叠合板将从工业建筑逐渐转向民用建筑，并且从普通的多层建筑转向高层建筑。

综上所述，目前国外的叠合楼板的类型主要有压型钢板和混凝土叠合楼板、预应力混凝土楼板、型钢梁加预制混凝土板作底板的叠合楼板及其他形式的永久模板作底板的叠合楼板。日本的 PC 叠合板广泛应用于工业厂房、公用建筑和多层及高层建筑。日本混凝土叠合板的制作方法和施工工艺比较先进，其中自承式钢桁架混凝土叠合板已经在实际工程中成功应用。

我国的应用始于 20 世纪 50 年代末，自 1957 年我国开始生产预应力薄板、预应力芯棒以及双层空心板等装配整体式构件，首先应用在了民用建筑上。1961 年同济大学的朱伯龙等研制了一种装配整体式的密肋楼板，预制部分为 I 字形的小梁和薄板，面层则为现浇混凝土，顶棚平顶则为预制的薄板放在 I 字形的小梁下部的翼缘上。

在 20 世纪 70 年代，我国的预应力混凝土预制小梁和现浇楼板相结合的混凝土叠合式屋面开始得到发展，并先后在浙江、天津、广东等省市建造了一批采用这种结构形式的房屋，经济效果很好。

在中国随着建筑业的不断发展，也迫切要求提供一些施工方便、抗震性能好且经济合理的适用于大柱网的楼盖板结构形式。1982 年铁道部建厂工程局科研所提出了一种大开间的预应力混凝土叠合连续多孔板的楼盖板结构方案，同时进行了系统的试验，并得出了很多有益的结论。1984 年四川省建筑科学研究院的卢盛澄等，结合工程实践，也对预应力叠合连续板进行了系统的试验研究。并对这种结构的叠合面的具体制作和支座调幅系数提出了很多建议性的方案。1987 年中国建筑标准设计研究院出版了《预应力混凝土叠合板》标准设计图集，也为这种结构形式的推广提供了有利的条件。1999 年，畅君文通过多块高强螺旋钢丝预应力叠合板现场加载试验，对该种叠合板的抗裂性能和承载能力进行了研究；2001 年，王理满、杨万庆等通过极限承载试验，对高强螺旋肋钢丝预应力叠合板的受力性能进行了研究；2003 年，黄赛超、蒋青青等通过倒 "T" 形简支叠合板单跨和多跨的极限承载试验，对这种预应力叠合板的承载力和延性进行了研究，还进一步探讨了这种叠合板的抗弯承载力计算方法和设计方法。

国内在近 10 年无论是科研还是实际工程，都对装配式混凝土结构十分重视，并取得了较多的研究和工程应用成果。预制混凝土楼板作为装配式混凝土结构的主要受力构件，成为土木工程师和科研人员关注的焦点之一。目前，为保证楼板的整体性，在装配式结构中主要采用叠合板，围绕叠合板，国内学者开展了较多研究，随着不断地进行研究，叠合板技术逐渐成熟。现在的叠合板伴随着使用功能的不同，也分成了不同的类型。目前国内研究较多的是以下四类叠合板：

第一类是预应力混凝土夹心叠合板，其主要包括普通预应力混凝土夹心叠合板和钢筋混凝土双向密肋夹心叠合板。普通预应力混凝土夹心叠合板是以预应力倒肋双 T 板作为底板，然后在底板表面放置圆柱体聚苯乙烯泡沫条后浇筑混凝土形成的夹心叠合板，如

图 1-5 所示。这种夹心叠合板的受力特点与一般的叠合板基本相同，即分为二阶段受力，第一阶段由预制带肋薄板承受施工阶段的荷载，第二阶段由整个组合截面承受使用阶段的荷载。这种叠合板由于在后浇叠合层中放置了轻质泡沫条，使其在保证楼板刚度的前提下，减少了后浇混凝土的用量，进而减轻了楼板自重，同时，泡沫条可以有效地提高楼板的隔声和保温性能。钢筋混凝土双向密肋夹心叠合板由预应力夹心条板和后浇混凝土肋梁面板组成，预应力夹心（空心）条板由底板、肋以及轻质填充块组成，如图 1-6 所示。施工时，轻质填充块等间距分布且相互间留有间隙作为横肋槽，底板两侧留有翼缘，当多块预制板成排拼装后，肋槽和翼缘形成双向密肋楼盖的模板，然后在其中浇筑混凝土，叠合成整体的钢筋混凝土双向密肋夹心叠合板。这种楼板在受力上较普通预应力混凝土夹心叠合板更合理，可有效地降低板厚。有关预应力混凝土夹心叠合板的研究开展较早，但成果较少。2001 年，朱茂存等提出并验证了夹心叠合板承载力计算方法；2005 年，周友香等分析了双向密肋夹心叠合板的计算方法，并通过实践计算及经济比较，论述了推广钢筋混凝土双向密肋夹心（空心）叠合板的意义。

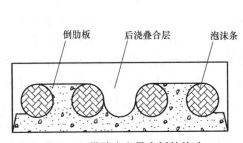

图 1-5 带肋夹心叠合板的构造

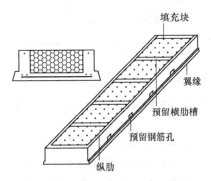

图 1-6 双向密肋夹心叠合板底板

第二类是预应力混凝土带反肋叠合板，其根据预制预应力混凝土底板的不同，可分为倒 T 形叠合板和带肋薄板叠合板两种形式。倒 T 形叠合板是以预制预应力混凝土倒 T 形板作为底板，在安装后的倒 T 形板肋间的凹槽中后浇混凝土形成的叠合板，其肋部厚度为叠合板的最终设计厚度，如图 1-7 所示。带肋薄板叠合板是以预制预应力带肋薄板作为底板，在板肋预留孔中布设横向穿孔钢筋及在

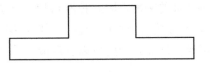

图 1-7 倒 T 形叠合板底板横截面

底板拼缝处布置折线形抗裂钢筋，再浇筑混凝土形成的双向配筋楼板，其肋板可制成矩形肋和 T 形肋两种，如图 1-8 所示。倒 T 形叠合板和带肋薄板叠合板，由于反肋的存在，提高了薄板的刚度和承载力，增加了预制薄板与叠合层的粘结力，同时，与不带反肋的叠合板相比，其在运输及施工过程中不易折断，且施工时可以少设置或不设置支撑，施工工艺简单，具有较好的经济效果。

有关带反肋叠合板的研究也相对较少。2004 年，刘汉朝等进行了 7 个倒 T 形板试件试验，检验了叠合板中两部分混凝土之间的整体工作性能，重点研究了二次配筋对叠合板受力性能的影响。2010 年，吴方伯等借助有限元分析软件 ANSYS，通过大量计算确定了双向受力效应的存在及变化规律；同年，岳建伟等对单向受力带肋预应力底板和叠合板进

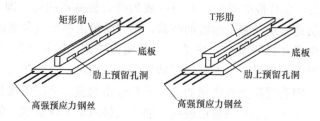

图 1-8　带肋薄板叠合板底板

行了试验，深入探讨了带肋预应力叠合板的抗弯承载力、叠合板抗剪性能、底板和叠合板的抗弯刚度。2011 年，吴方伯等通过 10 块矩形肋预制预应力带肋薄板、2 块 T 形肋预制预应力带肋薄板的静载试验，得到了跨中荷载-挠度曲线。探讨了新型预制预应力薄板（带肋且肋上设有孔洞，截面刚度呈阶梯形变化）的短期刚度与弯曲挠度的计算方法。

　　第三类是预应力混凝土空心叠合板，其主要包括普通预应力混凝土空心叠合板、倒双 T 形空腹叠合板和 WFB 预应力空心叠合板。普通预应力混凝土空心叠合板是在预制预应力空心板顶面现浇一层混凝土，在支座处加配负弯矩钢筋而形成的连续装配整体式叠合结

图 1-9　普通预应力混凝土空心底板截面

构，如图 1-9 所示。倒双 T 形空腹叠合板是以预制预应力混凝土倒双 T 形板为预制底板，在预制底板的上口后浇混凝土形成的叠合板，其截面为敞口的双肋或多肋楼板，中间形成了空腹形状，如图 1-10 所示。WFB 预应力空心叠合板是由 WFB 预应力空心预制板与现浇密肋组成的一种装配整体式楼板，其中 WFB 预应力空心预制板在板体的两侧面上部留有凸出块，板的纵向配有预应力钢筋，横向配有非预应力钢筋，现浇肋位于凸出块之间，如图 1-11 所示。普通预应力混凝土空心叠合板由于预制与现浇部分没有采用很好的连接措施，为保证预制底板的刚度及叠合板的整体性，楼板往往较厚、自重大。倒双 T 形空腹叠合板的预制板部分由于存在反肋，可以提高预制底板的刚度，因此板厚可以适当减小。并且这两种板均需在板的顶面浇筑叠合层。而 WFB 预应力空心叠合板，后浇混凝土只浇筑在安装后的预应力空心板肋间的凹槽内，不浇筑在顶面，因此可以有效减小叠合板的厚度，且混凝土的浇筑量很少。

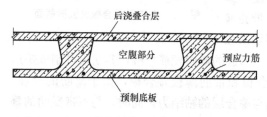

图 1-10　倒双 T 形空腹叠合板横截面

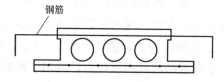

图 1-11　WFB 预应力空心预制板

　　普通预应力混凝土空心叠合板是在预应力混凝土空心板的基础上提出的，由于板厚较厚，因此早期没有对这种叠合板进行研究，直到 2010 年，刘成才等才对此开展研究，并于 2010 年和 2011 年，先后对 4 块 170mm 厚预应力混凝土空心叠合板和 8 块 120mm 厚预应力混凝土空心底板进行结构性能试验，试验结果表明预应力钢筋张拉系数、跨高比、

配筋率仍是影响预应力混凝土空心叠合板延性的主要因素，并且叠合板的开裂荷载、极限荷载均较其底板有很大幅度的提高，试件极限承载力荷载实测值比实际参数计算值略高。2011年，郭乐工等通过对7块预应力混凝土简支空心底板、4块预应力混凝土简支叠合板和3块预应力混凝土两跨连续叠合板进行试验，得到了预应力混凝土叠合板与空心底板荷载-挠度曲线，揭示了冷轧带肋钢筋预应力混凝土叠合板与空心底板受弯承载力相关关系和计算模式，为该类叠合板设计与结构性能检验提供了方法与计算手段。

有关倒双T形空腹叠合板的研究，开展于2005年，赵成文等对三种不同叠合接触比例的空腹叠合板进行了试验研究，得出了不首先出现叠合面滑移破坏的最小叠合接触比例，并提出了部分叠合的叠合板概念，确定了空腹叠合板的设计计算方法，此后直到2009年，吴学辉等才结合这种叠合板的工作特性，并考虑材料的非线性、叠合板各向异性等因素，采用非线性有限元程序ANSYS软件，分析了单向预应力混凝土双向叠合板在均布荷载作用下的破坏过程。

WFB预应力空心叠合板由吴方伯等提出并开展相应研究，并于2006—2008年开展了较多试验和有限元模拟研究，通过9m×9m足尺模型静水加载试验及3块简支预制板和3块简支叠合板及1块连续叠合板的静载试验和相应的有限元分析，分析了叠合板在静力荷载作用下的裂缝、承载力、挠度等特点，研究了其开裂荷载和极限承载力较高的原因，提出了其抗弯刚度的计算方法、设计方法以及其挠度的近似计算方法。

第四类是自承式钢筋桁架混凝土叠合板，其同样由预制底板和现浇层组成，其中预制底板除正常配置板底钢筋外，还配置凸出板面的弯折型细钢筋桁架，如图1-12所示，该桁架将混凝土楼板的上下层钢筋连接起来，组成能够承受荷载的空间小桁架，现浇层混凝土成型后，空间小桁架成为混凝土楼板的上下层配筋，承受后期的各项使用荷载。与传统的混凝土叠合板相比，该种叠合板钢筋间距均匀，混凝土保护层厚度容易控制，且由于腹杆钢筋的存在使其具有更好的整体工作性能。这种叠合板在日本得到了广泛应用，在国内沈阳

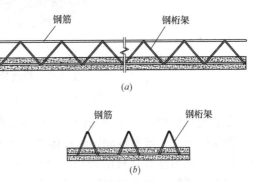

图1-12　自承式钢筋桁架混凝土预制底板截面
(a) 纵截面；(b) 横截面

的装配式示范工程"春合里"项目中也得到了应用。但由于板厚较大，造价较高。国内对该种板的研究较晚也较少。2006年，刘轶等通过对4块自承式钢筋桁架混凝土叠合板进行荷载试验，研究了钢筋桁架叠合板系统在施工阶段和正常使用阶段的刚度和极限承载能力，验证了施工阶段叠合板的理论计算模型，并参考规范提出了设计方法。2007年，陈日涛通过ANSYS有限元分析，研究了钢筋桁架的上下弦轴心距离和钢筋桁架腹杆直径对自承式钢筋桁架混凝土叠合板预制构件短期刚度的影响。

1.3.2　带抗剪键叠合板的研究现状

目前国内以万科为首的装配式剪力墙住宅结构，楼板普遍采用的是自承式钢筋桁架混凝土叠合板，这种楼板由于预制和现浇部分采用钢桁架筋连接，大大增加了钢筋用量，同

时这种板为保证预制与叠合部分的可靠连接，采用的钢桁架筋较高，导致板厚较厚，与普通现浇板相比，增加了钢筋和混凝土材料的用量及工程造价。为此，课题组针对上述问题，提出了一种带抗剪键的新型叠合板，以抗剪键取代钢桁架筋，从而实现减少钢筋用量、减小板厚、降低工程造价的目的。

带抗剪键的混凝土叠合板楼板如图 1-13 所示，由预制钢筋混凝土底板（以下简称预制底板）、预制混凝土抗剪键（以下简称抗剪键）和现浇钢筋混凝土层（以下简称现浇层）组成。叠合板楼板的预制底板和现浇层采用抗剪键连接，抗剪键的截面设计为工字形、"*"形、"#"形或其他起抗剪作用的形状。在制作预制底板时，将抗剪键的一部分埋于预制底板中，另一部分露出；在制作现浇层时，将混凝土浇至抗剪键的顶部或顶部以上。这样，通过抗剪键将预制底板和现浇层连接成整体楼板，由抗剪键承担预制底板和现浇层间的剪力和拉力。抗剪键由素混凝土或素混凝土加竖向芯筋制作，并且向上可伸至现浇层顶面，向下可伸至预制底板底面。由于抗剪键的存在代替了钢桁架筋，因此可减少钢筋用量、降低板厚。

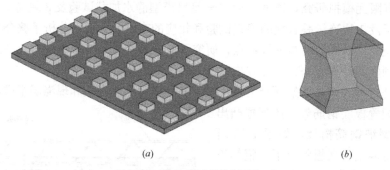

(a) 　　　　　　　　　　　　　　　　　(b)

图 1-13　带抗剪键叠合板的组成

(a) 带抗剪键的预制底板；(b) 混凝土抗剪键

在研究过程中，王立国进行了两边简支单向带抗剪键叠合板的静力加载试验，分析了抗剪键结构形式、抗剪键间距和板体类型等因素对叠合板承载力的影响；颜伟进行了四边简支双向带抗剪键叠合板的静力加载试验，并结合有限元模拟的方法，研究了抗剪键间距、抗剪键混凝土强度等级和现浇层混凝土强度等级等因素对叠合板力学性能的影响，探讨了设置抗剪键的必要性。在此基础上，王浩然以两边简支单向带抗剪键叠合板的静力加载试验为基础，对比了带抗剪键叠合板与现浇板在竖向荷载作用下的荷载-挠度曲线和板底混凝土应力云图变化趋势，总结了抗剪键的剪力变化规律和破坏顺序，并分析了影响叠合板力学性能的主要因素，提出了带抗剪键叠合板抗弯承载力与屈服位移的简化计算式，从而为实际工程中的设计和应用提供了参考。

1.4　本书的主要内容

本书将系统介绍带抗剪键叠合板的力学性能和设计施工方法，包括带抗剪键叠合板的试验研究、带抗剪键叠合板的有限元模拟方法及验证、带抗剪键叠合板单向板的力学性能及设计方法、带抗剪键叠合板双向板的力学性能及设计方法、带抗剪键叠合板在地震作用下的力学性能分析、带抗剪键叠合板的制作工艺及拼接措施探讨，为该种板的设计提供依据。

第2章 带抗剪键叠合板的试验研究

2.1 引　言

带抗剪键的混凝土叠合楼板，主要通过混凝土抗剪键来保证预制底板与现浇层间的连接，增强结构的整体性。为了研究该种板的受力性能，课题组进行了两边简支单向带抗剪键叠合板的静力加载试验，分析了不同板体类型、抗剪键间距及抗剪键结构形式对叠合板承载力的影响，同时也对叠合板的变形与裂缝发展状态进行了对比和研究。

2.2　试验准备工作概述

2.2.1　试验的主要内容及意义

分别对7块不同构造的叠合板进行静力荷载试验，其中包括现浇板、无抗剪键叠合板和不同类型的抗剪键叠合板，研究它们的承载性能、变形能力、裂缝发展状况及混凝土和钢筋的本构关系，并对这些试件的结果进行比较，具体工作内容如下：

（1）设计试验方案，安装试验相关仪器和设备，采集材料基本性能数据，制定试验加载方案和对相关人员进行合理分工。

（2）进行试件静力加载试验，并采集数据和对数据进行整理分析，研究分析试件的受力特征和试验现象，如承载力、挠度、裂缝、破坏形态，总结受力机理和影响因素。

（3）确定各个试件的实测开裂荷载和它们的极限荷载，根据试验相关数据和试验现象描述最大变形部分的混凝土和受拉钢筋的荷载-位移曲线及荷载-变形曲线。

本试验拟通过各试件静载试验结果来对比各叠合板承载能力和破坏机理，为带抗剪键新型叠合板的发展带来一定的科学依据，也为将来更好地应用到工程实际中打下坚实的基础。

2.2.2　试验的主要步骤

本研究的试验过程大概分为以下四个步骤：试验的设计阶段、准备阶段、实施阶段和分析阶段。

（1）试验设计阶段

第一阶段为试验设计阶段，它是试验的开始阶段，在整个试验阶段中占有极其重要的位置，它的优劣直接关系到整个试验的成败，它将对整个结构试验进行全面的设计和规划，是一项具有统领全局的工作。

在试验设计阶段，首先是确定试验的主要目的和试验任务，它主要根据收集的相关课题资料来确定，然后是依据相关理论知识来确定试件的具体结构形式和试验的性质。与此同时，要根据相关理论预测试件在每个荷载步下的内力和变形状态，方便校核和控制整个试验是否处于正常工作状态，对整个试件性能和检查整个试验是否处于正常位置具有代表性的内力和变形值需要特别注意。在选择试验仪器时，应根据试验的目的来确定，能够保证试验测点所选用的仪器均满足试验需求即可，要做到能够依据需要而选择试验设备和仪器。最终根据试验设计确定试验加载方案和需要测量的内容及位置。还需要设计试验进度计划，安排合理的组织分工，落实试验相关安全保护措施。

（2）试验准备阶段

试验准备阶段的工作特别繁琐、工作量也很大，相关工作要一一详细记录和保存下来。具体包括试验人员的相关任务分工；试件制作、安装工作流程；试件材料性能试验；试验设备、仪器仪表的安装校准和检测。

正式试验之前应进行预加载工作，预加载程序完成后，应把试验仪器仪表读数归零，要在试验弹性范围内进行预加载工作，这样能够方便检查试验加载系统、试验仪器仪表及各测点数值是否准确可靠，如果发现异常现象应排查出相关原因，恢复正常数值后，将仪器读数重新归零。试验准备阶段的工作做得越完备、越细致，越能够保证试验方案的有效实施，因此要对试验准备阶段的工作做到事无巨细，认真准备。

（3）试验实施阶段

试验实施阶段是整个试验的核心阶段，所有相关试验人员都应该严格执行自己的工作职责，保证每项工作无差错进行。在试验过程中，具有代表性测量点的数据应随时记录整理和分析，随时观测试验是否在正常的运行状态，如果发现试验出现问题应迅速查找原因，调整试验装置确保试验能够正常完成。对试验过程中出现的变形、裂缝和其他试验现象要及时进行拍照、录像，采集的试验原始数据也要及时进行记录。试验结束时，试验原始数据要进行存档备案，为下一步的理论分析做准备。

（4）试验分析阶段

在所有的相关试验结束后，要对采集到的原始数据进行分析和处理，再对试验现象进行总结，通过数据处理得到的表格、图像和曲线等结果来反映结构的性能。但是由于试验过程中的仪器偏差或者操作不当，所采集到的原始数据可能存在误差，因此，整理数据资料时要做到准确、不出现失误，确保数据处理的可靠性。

2.3　试件的设计和制作

2.3.1　试件的设计

为研究叠合板的破坏过程、失效模式、破坏特点及抗剪块形状、布置方式等因素对新型装配式叠合板受力性能的影响规律，试验共设计了 7 块叠合板，如表 2-1 所示。SJ1 为传统方法施工的现浇板试件，SJ2～SJ7 为装配式叠合板试件。

抗剪键形状和结构如图 2-1 所示，抗剪键尺寸均为 $100mm \times 100mm \times 100mm$。抗剪键的混凝土强度设计为 C30。

叠合板的设计尺寸及构造

表 2-1

板编号	板的构造形式	抗剪键形状	抗剪键横向间距 （mm）	抗剪键纵向间距 （mm）
SJ1	现浇板	—	—	—
SJ2	叠合板	弧形	321	300
SJ3	叠合板	弧形	450	300
SJ4	叠合板	弧形	563	300
SJ5	叠合板	—	—	—
SJ6	叠合板	正方形	450	300
SJ7	叠合板	弧形（内置钢筋笼）	450	300

 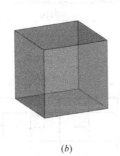 

（a） （b） （c）

图 2-1　抗剪键的构造形式

（a）弧形抗剪键；（b）正方形抗剪键；（c）弧形抗剪键（内置钢筋笼）

所有试件的混凝土强度均为 C25，抗剪键除外。所有试件尺寸均为：长 2410mm，宽 1220mm，高 100mm。所有试件的配筋包括板底受力筋、分布筋及板顶负弯矩构造筋均采用 HRB335ϕ8 钢筋。现浇板试件 SJ1 配筋图如图 2-2（a）所示，装配式叠合板试件 SJ2～SJ7 配筋图如图 2-2（b）～（g）所示。

根据试验的主要目的，将 7 块试验板分为以下三组：第一组 SJ1、SJ3、SJ5，第二组 SJ2、SJ3、SJ4、SJ5，第三组 SJ3、SJ6、SJ7。第一组研究板的构造形式对承载力的影响，SJ1 是现浇混凝土叠合板，SJ3 是带弧形抗剪键叠合板。SJ5 是无抗剪键叠合板。第二组研究弧形抗剪键布置间距的改变对承载力的影响，SJ2、SJ3、SJ4 均是带弧形抗剪键叠合板，SJ5 是无抗剪键叠合板。第三组研究抗剪键形式的改变对承载力的影响，SJ3 是带弧形抗剪键叠合板，SJ6 是带正方形抗剪键叠合板，SJ7 是带弧形抗剪键（内置钢筋笼）叠合板。

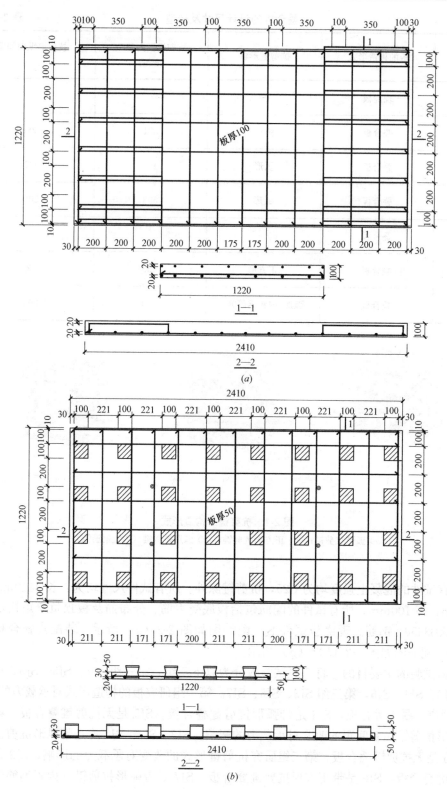

图 2-2　各试件配筋布置详图 (一)

(a) SJ1；(b) SJ2

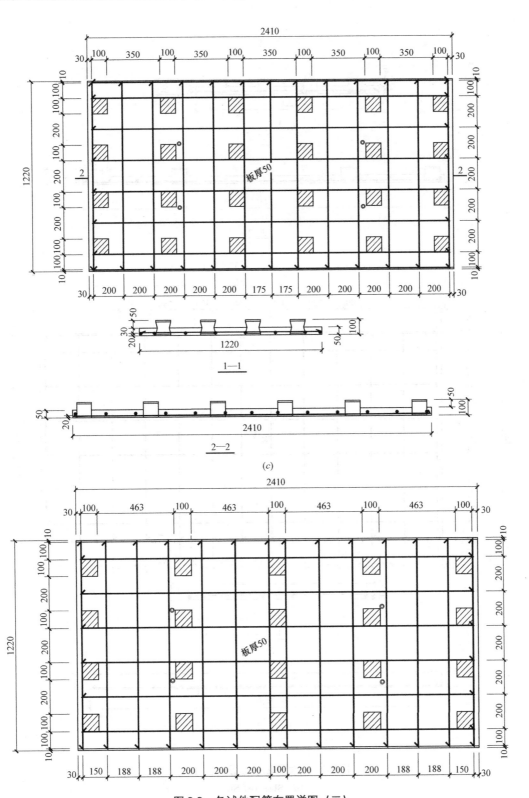

图 2-2　各试件配筋布置详图（二）

（c）SJ3

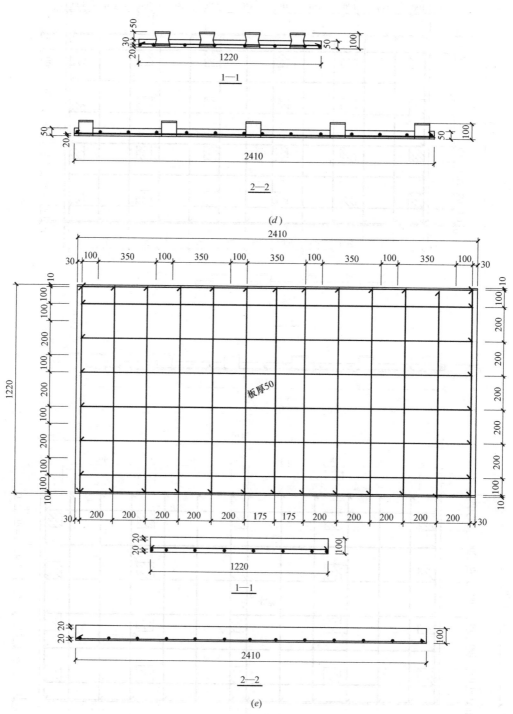

图 2-2　各试件配筋布置详图（三）

(d) SJ4；(e) SJ5

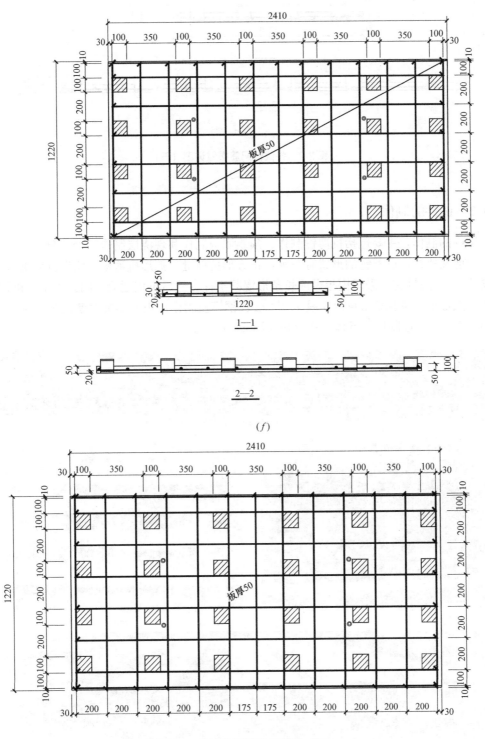

图 2-2 各试件配筋布置详图（四）

（f）SJ6

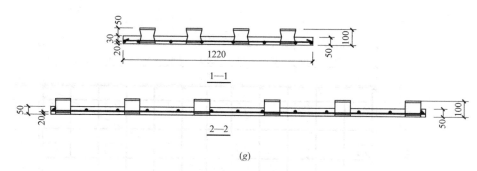

(g)

图 2-2　各试件配筋布置详图（五）

(g) SJ7

2.3.2　试件的制作

试件的制作，主要包括抗剪键制作、预制底板制作和现浇层制作三个部分。

如前文所述，抗剪键的形式有三种：正方形抗剪键、弧形抗剪键、弧形抗剪键（内置钢筋笼）。抗剪键首先采用模板做成长条形混凝土柱，然后再用混凝土圆孔板干切机切割。其中，弧形抗剪键长条形混凝土柱采用 2m 长钢模板制作，正方形抗剪键长条形混凝土柱采用 1.8m 木模板制作。具体制作过程如图 2-3 所示。

图 2-3　抗剪键的制作过程（一）

（a）弧形抗剪键内置钢筋笼的制作；（b）抗剪键模板安装；（c）抗剪键混凝土浇筑；（d）制作完成的混凝土抗剪键

(e)

图 2-3 抗剪键的制作过程（二）

（e）混凝土抗剪键切割成型

叠合板混凝土的浇筑过程：先铺设地膜，放置和固定模板，然后将钢筋网片和预制的抗剪键放置在图纸设计的位置，浇筑底板混凝土，待底板混凝土硬结养护之后，再浇筑现浇层混凝土，即完成叠合板的制作。无抗剪键叠合板制作过程如图 2-4（a）、（b）所示，抗剪键叠合板制作过程如图 2-4（c）～（e）所示。

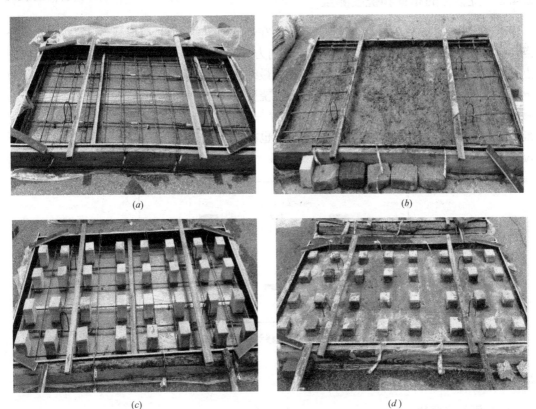

(a)

(b)

(c)

(d)

图 2-4 叠合板的浇筑过程（一）

(e)

图 2-4　叠合板的浇筑过程（二）

2.4　测点的布置和数据的采集

根据试验目的，本次试验测量的主要内容有裂缝观测、挠度测量、钢筋应变、混凝土应变、开裂荷载、极限荷载以及预制底板和现浇层的相对位移等。

2.4.1　位移计的布置和挠度测量

本次试验 7 个试件的测点布置方案相同。在进行挠度测量时，应把测点设置在板长四分点与板宽四分点的交点处，位移计的编号分别为 S3、S4、S5、S6、S7、S8，跨中两侧四分点位置需要各布置一个位移计，为了测出试验最终的跨中最大挠度值，二分之一跨中两侧四分点位置对称布置一个位移计，从而可以得出挠度曲线。同时应考虑端部支座沉降对试验结果所产生的影响，故在板宽边缘中点处各布置一个位移计，编号为 S1、S2。最后，为了测量预制底板和现浇层相对位移对试验的影响，也在预制底板和现浇层厚度中点处各布置一个位移计，两端对称布置，编号为 S9、S10、S11、S12。具体布置如图 2-5 所示。

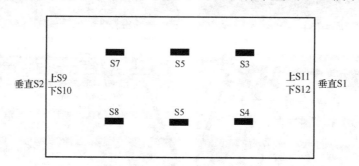

图 2-5　位移计布置图

2.4.2　应变片的粘贴位置布置

（1）钢筋应变片

为了保证钢筋应变片粘贴的质量，应在钢筋成型前粘贴钢筋应变片。首先用电动砂轮和砂纸把粘贴钢筋应变片处打磨光滑，打磨处再用丙酮擦洗干净，然后用502胶把钢筋应变片粘贴在处理过的打磨处，导线用电烙铁和焊锡焊在应变片端子触点上，最后将调好的环氧树脂涂抹在包裹应变片的纱布上，从而保护应变片在施工浇筑混凝土时不发生破坏，同时也起到防水的作用。具体过程如图2-6所示。

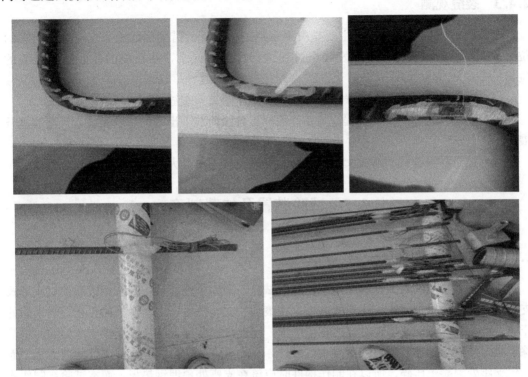

图2-6　钢筋应变片的粘贴过程

叠合板板底纵向受拉钢筋的应变片粘贴在钢筋的四分点处，如图2-7所示。

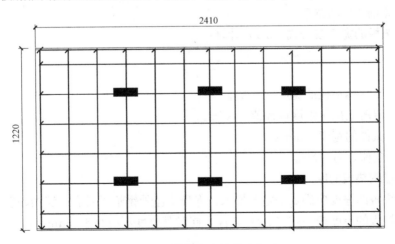

图2-7　钢筋应变片的粘贴位置

（2）混凝土应变片

混凝土浇筑养护达到28d之后，才可以粘贴混凝土应变片，粘贴方法如下：在板表面标出混凝土应变片的粘贴位置，用砂纸打磨混凝土表面使其光滑，用丙酮擦拭混凝土应变片的粘贴位置，用 502 胶把混凝土应变片粘贴在擦拭过的打磨处，最后用电烙铁和焊锡丝把导线与应变片端子触点连接在一起。

2.4.3　裂缝观测

在试验中，裂缝是否出现主要靠肉眼来判断，出现后借助裂缝测宽仪对裂缝出现的位置、宽度、分布状况和裂缝发展全过程进行详细的记录，并在板的侧面标注裂缝的位置。

（1）要记录试件在什么时候、什么位置出现了第一条裂缝。

（2）要记录裂缝的发展过程，并在侧面标出各级荷载下出现的主要裂缝，绘制裂缝开展图。

（3）记录各级荷载下的最大裂缝宽度和极限荷载下的最大裂缝宽度。

2.5　试验装置及加载制度

2.5.1　支座选择

抗剪键叠合板的静力试验采用正位加载试验，试验中叠合板一端采用滚动铰支座形式支撑，另一端采用不动铰支座形式支撑。在滚动铰支座处由于滚动摩擦的存在，当承载的压应力增大时，滚动摩擦也会随之相应增大，因此在加载前，应将滚动铰支座处的污垢清除干净，使滚动摩擦的影响程度减小。另外，在加载过程中可能因为支座处的应力集中而导致支座处混凝土压碎，所以在制作构件时应该在支座处预埋钢垫板，而本试验在制作构件时并未预埋钢垫板，因此在试验开始前采用支撑处加设钢垫板以防止应力集中而导致混凝土破坏，钢垫板的长度与试件的宽度相等。

（1）支撑钢垫板的宽度

支撑钢垫板的宽度按公式（2-1）计算：

$$L = \frac{R}{b f_c} \tag{2-1}$$

式中　L——支撑钢垫板的宽度（mm）；

　　　f_c——混凝土抗压强度设计值（N/mm²）；

　　　b——试件的宽度（mm）；

　　　R——支座反力（N）。

（2）支撑钢垫板的厚度

支撑钢垫板的厚度应满足一定的要求，保证支座处钢垫板具有足够的刚度不致发生破坏，支撑钢垫板的厚度按公式（2-2）计算，同时其厚度不应小于 6mm。

$$d = \sqrt{\frac{2 f_c a^2}{f}} \tag{2-2}$$

式中　d——支撑钢垫板的厚度（mm）；

f_c——混凝土抗压强度设计值（N/mm^2）；

a——钢垫板边缘到钢滚轴中心的距离（mm）；

f——钢材抗拉强度设计值（N/mm^2）。

（3）钢滚轴半径

取刚滚轴的长度为叠合板的宽度 b，刚滚轴的半径强度验算需依照公式（2-3）进行：

$$\sigma = 0.418\sqrt{\frac{RE}{rb}} \tag{2-3}$$

式中　σ——刚滚轴的半径强度；

　　　R——支座反力（N）；

　　　b——叠合板的宽度；

　　　r——刚滚轴的半径（mm）；

　　　E——刚滚轴材料的弹性模量（N/mm^2）。

2.5.2　试验加载方法

叠合板的加载试验可以采用直接在构件上施加均布荷载的方法，即均布荷载法，如图2-8（a）所示；也可以采用等效荷载法，即采用两个集中荷载来等效均布荷载。因为受到实验室相关条件和环境的限制，采用均布荷载法存在一些困难，故本试验采用等效荷载法，即在叠合板跨度三分点的位置对称设置两个相等的集中荷载进行叠合板的加载试验。采用等效荷载法可以使等效荷载作用下叠合板的跨中弯矩值与均布荷载作用下叠合板的跨中弯矩值相等，同时，等效荷载作用下支座处的最大剪力值与均布荷载作用下支座处的最大剪力值相等。叠合板等效荷载加载如图2-8（b）所示。

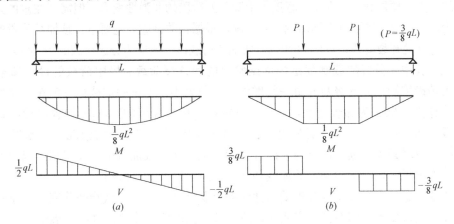

图2-8　叠合板加载示意图

本试验根据图2-8（b），采用千斤顶-分配梁系统的加载装置等效均布荷载加载，即将两个集中荷载加载在跨度四分点的位置上，试验时，将叠合板两端简支在大体积钢墩上，这样有利于保证试验的顺利进行和裂缝、挠度的观察。试验加载装置如图2-9所示。

图 2-9　试验加载装置图

2.5.3　试验加载制度

本试验采用破坏性试验的加载方式，主要目的是为了充分研究叠合板的工作性能，本研究的叠合板在破坏性试验中采用循环加载和分级加载制度，叠合板加载破坏并完成卸载程序时，试验即结束。循环加载程序分为两个阶段，即预加载阶段和正式加载阶段，正式试验前进行预加载的目的是确保试验数据的准确性和试验过程的正常进行，因为在正式试验前，预加载程序要对试验装置的安装稳固状态、试验设备和采集数据的仪器仪表的准确度及试验工作安排的合理性进行检查。如果出现什么问题，可以在预加载阶段进行及时修正，最重要的一点是预加载可以在一定程度上消除初始阶段的非弹性变形。但需要注意的是，在预加载阶段一定要保证混凝土不出现开裂情况，根据相关试验规范要求，预加载阶段的荷载值不应超过试验开裂荷载计算值的 70%，所加的荷载值一般应为分级荷载的 1～2 级。

正式试验中的分级加载制度是根据试验目的和开裂荷载、极限荷载的设计值来确定的。要求精确控制划分的级数和每一级增加的荷载大小。本试验加载程序为在开裂前以开裂荷载计算值的 20% 为加载增量，开裂后以极限荷载计算值的 10% 为加载增量，直到把试件加载破坏为止。但需要注意的是，在加载过程中裂缝和变形的情况是不断发展变化的，因此加载时必须持续一段时间才能够继续加载，在分级加载中，加载和卸载的持续时间应统一作出规定，本试验确定的加载和卸载的持续时间为 10min。

残余变形是显示本试验叠合板受力性能的重要特征，所以在试验卸载完成后还应继续观测试件的残余变形。即在试验完成后，应空载一段时间，观测试件的发展情况。

根据荷载理论计算值及为了保证加载试验的对称性、均匀性，试验的分级荷载加载情况如表 2-2 所示。

试验加载制度　　　　　　　　　　　　　　　　　　　表 2-2

板编号	第 1～5 级	第 6～10 级
SJ1	3	3
SJ2	3	3

板编号	第1～第5级	第6～第10级
SJ3	3	3
SJ4	3	3
SJ5	3	3
SJ6	3	3
SJ7	3	3

注：表中3表示每级的荷载增量是3kN。

2.5.4 材料性能试验

本试验采用的受拉钢筋为 HRB335ϕ8，在材料实验室进行钢筋的拉伸强度试验，测得的钢筋力学性能参数如表 2-3 所示。

钢筋的力学性能参数   表 2-3

钢筋种类	钢筋直径（mm）	钢筋等级	屈服强度（MPa）	极限强度（MPa）	弹性模量（N/mm^2）
受拉钢筋	8	HRB335	350	460	2.0×10^5

本试验叠合板的预制底板和现浇层所用混凝土均为 C25，抗剪键混凝土均采用 C30，在材料实验室进行混凝土抗压强度试验，测得的预制底板混凝土抗压强度为 21.4MPa，现浇层混凝土抗压强度为 26.8MPa。抗剪键混凝土抗压强度为 27.6MPa，钢筋和混凝土的试验装置如图 2-10 所示。

(a)   (b)

图 2-10 钢筋和混凝土试验装置
(a) 钢筋试验装置；(b) 混凝土试验装置

2.5.5 安全和防护措施

试验负责人应针对设计图纸对试验操作人员进行技术交底和安全交底，同时要在试验前设置专职安全员，专职安全员由具有试验工作经验的人担任。

(1) 在观察裂缝、变形状况等时，应与加载试件保持一定的安全距离，并保证观察工作不能耽误试验的正常进行。

（2）试验加载过程中要避免对试验仪器、仪表造成不必要的损坏。

（3）试验应设置安全托架或者支墩，防止试件突然坍塌，但是不得妨碍试验的正常进行。

2.6　试　验　现　象

2.6.1　开裂荷载与极限荷载

本研究通过千斤顶等效加载的方式对 SJ1～SJ7 进行了加载试验，得到了这 7 块板的受力特性和破坏特征，确定了各现浇板、叠合板的实测开裂荷载及极限荷载，并通过数据分析和整理得到了各试件的荷载-挠度曲线，主要研究分析了 SJ1、SJ3、SJ5 因板构造形式改变导致的承载能力、变形特性的差异，SJ2、SJ3、SJ4、SJ5 因抗剪键间距改变导致的承载能力、变形特性的差异，SJ3、SJ6、SJ7 因抗剪键形式改变导致的承载能力、变形特性的差异。在正式试验中，应按照下列方法确定实测的开裂荷载及极限荷载。

开裂荷载是指能够保证各试验板不出现裂缝的最大荷载。在进行开裂荷载试验时，采用肉眼观察与裂缝测宽仪测量相结合的方法。在千斤顶加载持续 10min 后，试验板第一次出现了裂缝，则应取本级荷载值为实测开裂荷载值。在千斤顶加载持续过程中，试验板第一次出现了裂缝，则应取本级荷载值与上级荷载值的平均值作为实测开裂荷载值。在千斤顶加载过程中而并未达到加载持续的时间时，试验板第一次出现了裂缝，则应取上一级荷载值为实测开裂荷载值。但是如果第一次裂缝出现时并没有及时地观测到，则可以将荷载-挠度曲线上第一个转折点两侧切线交点对应的荷载值作为实测开裂荷载值。

当各试验板在千斤顶等效荷载加载过程中出现以下现象之一时，即可视为试验板的实测极限荷载值：跨中最大挠度值达到试验板跨度的 1/50，试验板侧面最大垂直裂缝的宽度达到或者超过 1.5mm；或者受压区混凝土的压应变超过 0.002，受拉钢筋的应力达到屈服强度且拉应变达到 0.01（针对有明显流限的热轧钢筋）。

2.6.2　试件的破坏过程和破坏形态

由于各叠合板的试验现象和破坏过程大致相同，故用试验设计的弧形抗剪键的标准叠合板（SJ3）做试验现象的简单描述。

本试验采用分级加载的试验方法，在正式加载试验前要进行预加载试验，正式加载试验过程中要注意裂缝的观察和记录。在刚开始进行荷载加载时，试件的应力和变形只有略微的增加，变化并不明显。此时要时刻仔细观察试件侧面及底面的裂缝开展情况，当荷载增加到 18.5kN 并持续 10min 后，通过肉眼观察发现试件底面出现了第一道裂缝，裂缝宽度较细并与试件宽度方向大致平行。随着荷载的增加，裂缝的数量和宽度也随之相应增加，同时裂缝也开始沿着试件的底板向试件的侧面发展，底板的裂缝数量也沿着试件跨度方向继续增加，裂缝由试件跨中向试件支座方向呈均匀对称发展。当荷载继续增加至实测极限荷载值时，此时的试件发生了破坏性的变形，并且在跨中位置出现了最大垂直裂缝，裂缝宽度已经超过 1.5mm，表明试件已经破坏。从 SJ3 带弧形抗剪键叠合板的破坏过程可以得知，该混凝土叠合板为典型的受弯破坏形式。

SJ1 现浇混凝土叠合板及其他混凝土叠合板的破坏变形过程与 SJ3 带弧形抗剪键叠合板的破坏变形过程基本一致。只是实测开裂荷载和实测极限荷载的数值略有不同。在加载试验过程中，SJ1 现浇混凝土叠合板加载至 18.2kN 时，试件出现了第一道裂缝，加载至 26.5kN 时，试件的受拉钢筋的应变达到了钢筋的屈服应变，加载至 28kN 时受拉钢筋的应变值达到了 0.01，此时的荷载值即是 SJ1 现浇混凝土叠合板的极限荷载值。

SJ2 带弧形抗剪键叠合板加载至 18.8kN 时，试件出现了第一道裂缝，加载至 29kN 时，试件的受拉钢筋的应变达到了钢筋的屈服应变，加载至 32.5kN 时受拉钢筋的应变值达到了 0.01，此时的荷载值即是 SJ2 带弧形抗剪键叠合板的极限荷载值。

SJ3 带弧形抗剪键叠合板加载至 18.5kN 时，试件出现了第一道裂缝，加载至 29kN 时，试件的受拉钢筋的应变达到了钢筋的屈服应变，加载至 32kN 时受拉钢筋的应变值达到了 0.01，此时的荷载值即是 SJ3 带弧形抗剪键叠合板的极限荷载值。

SJ4 带弧形抗剪键叠合板加载至 18.5kN 时，试件出现了第一道裂缝，加载至 29kN 时，试件的受拉钢筋的应变达到了钢筋的屈服应变，加载至 31.5kN 时受拉钢筋的应变值达到了 0.01，此时的荷载值即是 SJ4 带弧形抗剪键叠合板的极限荷载值。

SJ5 无抗剪键叠合板加载至 18.5kN 时，试件出现了第一道裂缝，加载至 29kN 时，试件的受拉钢筋的应变达到了钢筋的屈服应变，加载至 30.5kN 时受拉钢筋的应变值达到了 0.01，此时的荷载值即是 SJ5 无抗剪键叠合板的极限荷载值。

SJ6 带正方形抗剪键叠合板加载至 18.8kN 时，试件出现了第一道裂缝，加载至 32.5kN 时，试件的受拉钢筋的应变达到了钢筋的屈服应变，加载至 35.5kN 时受拉钢筋的应变值达到了 0.01，此时的荷载值即是 SJ6 带正方形抗剪键叠合板的极限荷载值。

SJ7 带弧形抗剪键（内置钢筋笼）叠合板加载至 19.5kN 时，试件出现了第一道裂缝，加载至 32.5kN 时，试件的受拉钢筋的应变达到了钢筋的屈服应变，加载至 35.5kN 时受拉钢筋的应变值达到了 0.01，此时的荷载值即是 SJ7 带弧形抗剪键（内置钢筋笼）叠合板的极限荷载值。各试件的裂缝开展情况如图 2-11 所示。

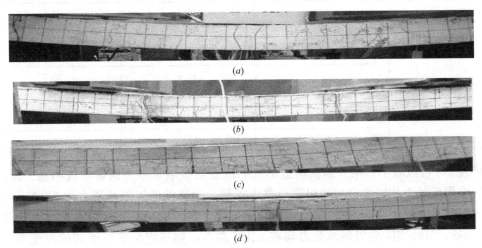

图 2-11 各试件裂缝分布情况（一）

(a) SJ1；(b) SJ2；(c) SJ3；(d) SJ4

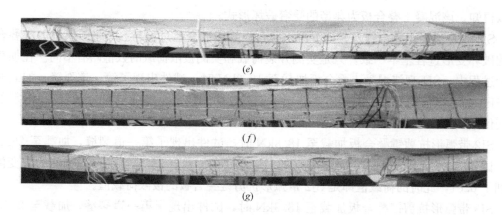

(e)

(f)

(g)

图 2-11　各试件裂缝分布情况（二）
(e) SJ5；(f) SJ6；(g) SJ7

2.7　试验结果分析

2.7.1　开裂荷载值和极限荷载值对比分析

通过实际开裂荷载值和极限荷载值的确定方法与上述试验现象相结合，得出了各试件的开裂荷载值和极限荷载值，如表 2-4 所示。

各试件的开裂荷载值和极限荷载值　　　　　　　　　表 2-4

组别	板编号	开裂荷载值(kN)	极限荷载值(kN)
第一组	SJ1	18.2	28
	SJ3	18.5	32
	SJ5	18.5	30.5
第二组	SJ2	18.8	32.5
	SJ3	18.5	32
	SJ4	18.5	31.5
	SJ5	18.5	30.5
第三组	SJ3	18.5	32
	SJ6	18.8	35.5
	SJ7	19.5	35.5

从表 2-4 可以看出，第一组板构造形式的改变对极限承载力的影响较明显。SJ1 现浇板的极限承载力相对叠合板的极限承载力较低，现浇板的极限承载力为 28kN，叠合板最小极限承载力为 30.5kN。第二组抗剪键间距小幅度的改变对极限承载力几乎没有影响，SJ2、SJ3、SJ4 的极限承载力均在 32kN 左右。第三组抗剪键形式的改变对极限承载力影响显著，正方形和弧形（内置钢筋笼）抗剪键叠合板的极限承载力均达到了 35kN 以上。

2.7.2 叠合板的试验结果

本试验的现浇板与叠合板的板跨度均为 2410mm，板宽度均为 1220mm，当受弯构件的宽度大于等于 600mm 时，试验构件的挠度测量点应均匀对称地布置于两侧（见图 2-5）。关于挠度曲线的测量点应均匀对称地布置于叠合板挠度方向上，这些测量点主要包括支座位移、变形测量点等，本试验取 S3～S7 测量叠合板的竖向挠度值，取 S1、S2 测量叠合板支座处的沉降变化值，取 S9～S12 测量叠合板预制底板与现浇层的相对位移值。

位于叠合板同一截面但不同位置的荷载-挠度曲线应该是大致相同的。所以在试验分析的过程中，在同一截面处，试件的跨中挠度值可以通过跨中均匀对称布置的各测量点的平均值求得。即各试件在跨中截面的挠度值，可以通过测点 S5 和 S6 挠度值的平均值求得。另外，本试验的加载分配梁自重 5.5kN，故试验的实际加载荷载为分配梁自重与每次分级加载的荷载值之和。图 2-12～图 2-14 是各试件的荷载-挠度曲线对比图（注：均为跨中挠度）。

（1）SJ1、SJ3、SJ5 的荷载-挠度曲线对比

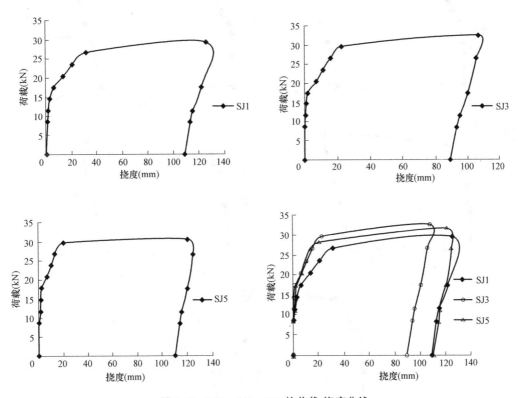

图 2-12 SJ1、SJ3、SJ5 的荷载-挠度曲线

从图 2-12 可以看出，在混凝土板出现第一道裂缝前，各混凝土板的工作状态都近似于弹性工作状态，即荷载与挠度呈现出线性比例关系，由于此时的混凝土板并没有出现裂缝，所以刚度较大，相应产生的挠度就会较小。从各混凝土板的荷载-挠度曲线图可以看出，在产生裂缝前的曲线斜率较小，产生的挠度也较小。各混凝土板的荷载-挠度曲线形状大致相似，即各混凝土板的荷载-挠度曲线在开裂荷载值处都会发生明显的转折。从荷

载-挠度曲线图可以看出，SJ1、SJ3、SJ5 的开裂荷载值大致相等，分别为 18.2kN、18.5kN、18.5kN。混凝土板开裂后继续加载，由于各混凝土板开裂导致刚度降低，使得挠度迅速增加，相应地各混凝土板的荷载-挠度曲线也会变得相对平缓。当加载过程中荷载值达到了实测极限荷载值时，混凝土板的刚度会急剧降低，相应的裂缝宽度及各测量点的挠度也会急剧增加，产生此现象的原因是各混凝土板中的钢筋已经完全屈服。从荷载-挠度曲线图可以看出，SJ1、SJ3、SJ5 的实测极限荷载值分别为 28kN、32kN、30.5kN。

通过对比研究可知，第一组板构造形式的改变对承载力的影响较明显。叠合板的最低极限承载力为 30.5kN，而现浇板的极限承载力为 28kN，叠合板的极限承载力比现浇板的极限承载力高 5.4%。带抗剪键叠合板的极限承载力为 32kN，无抗剪键叠合板的极限承载力为 30.5kN，带抗剪键叠合板的极限承载力比无抗剪键叠合板的极限承载力高 5%。

（2）SJ2、SJ3、SJ4、SJ5 荷载-挠度曲线对比

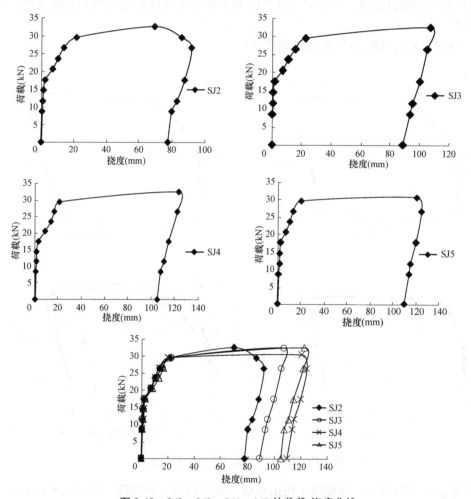

图 2-13　SJ2、SJ3、SJ4、SJ5 的荷载-挠度曲线

从图 2-13 可以看出，在混凝土板出现第一道裂缝前，各混凝土板的工作状态都近似于弹性工作状态，即荷载与挠度呈现出线性比例关系，由于此时的混凝土板并没有出现裂缝，所以刚度较大，相应产生的挠度就会较小。从各混凝土板的荷载-挠度曲线图可以看

出，在产生裂缝前的曲线斜率较小，产生的挠度也较小。各混凝土板的荷载-挠度曲线形状大致相似，即各混凝土板的荷载-挠度曲线在开裂荷载值处都会发生明显的转折。从荷载-挠度曲线图可以看出，SJ2、SJ3、SJ4 的开裂荷载值大致相等，分别为 18.8kN、18.5kN、18.5kN。混凝土板开裂后继续加载，由于各混凝土板开裂导致刚度降低，使得挠度迅速增加，相应地各混凝土板的荷载-挠度曲线也会变得相对平缓。当加载过程中荷载值达到了实测极限荷载值时，混凝土板的刚度会急剧降低，相应的裂缝宽度及各测量点的挠度也会急剧增加，产生此现象的原因是各混凝土板中的钢筋已经完全屈服。从荷载-挠度曲线图可以看出，SJ2、SJ3、SJ4 的实测极限荷载值分别为 32.5kN、32kN、31.5kN。

通过对比研究可知，第二组抗剪键间距小幅度的改变对叠合板承载力几乎没有影响。叠合板的极限承载力均在 32kN 左右。

（3）SJ3、SJ6、SJ7 荷载-挠度曲线对比

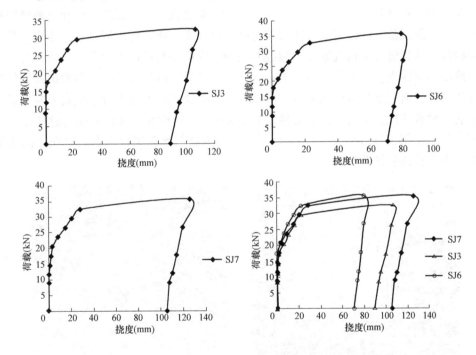

图 2-14　SJ3、SJ6、SJ7 的荷载-挠度曲线

从图 2-14 可以看出，在混凝土板出现第一道裂缝前，各混凝土板的工作状态都近似于弹性工作状态，即荷载与挠度呈现出线性比例关系，由于此时的混凝土板并没有出现裂缝，所以刚度较大，相应产生的挠度就会较小。从各混凝土板的荷载-挠度曲线图可以看出，在产生裂缝前的曲线斜率较小，产生的挠度也较小。各混凝土板的荷载-挠度曲线形状大致相似，即各混凝土板的荷载-挠度曲线在开裂荷载值处都会发生明显的转折。从荷载-挠度曲线图可以看出，SJ3、SJ6、SJ7 的开裂荷载值大致相等，分别为 18.5kN、18.8kN、19.5kN。混凝土板开裂后继续加载，由于各混凝土板开裂导致刚度降低，使得挠度迅速增加，相应地各混凝土板的荷载-挠度曲线也会变得相对平缓。当加载过程中荷

载值达到了实测极限荷载值时，混凝土板的刚度会急剧降低，相应的裂缝宽度及各测量点的挠度也会急剧增加，产生此现象的原因是各混凝土板中的钢筋已经完全屈服。从荷载-挠度曲线图可以看出，SJ3、SJ6、SJ7 的实测极限荷载值分别为 32kN、35.5kN、35.5kN。

通过对比研究可知，第三组抗剪键形式的改变对承载力影响显著。正方形和弧形（内置钢筋笼）抗剪键叠合板的极限承载力均达到了 35kN 以上。弧形抗剪键叠合板的极限承载力为 32kN。前者比后者极限承载力高 10%左右。

2.7.3　抗剪键的作用分析

由于各叠合板试件抗剪键的破坏形式大致相似，故以标准叠合板 SJ3 为例说明抗剪键的应用。

（1）抗剪键与预制底板的整体性分析。由于制作叠合板时，是先预制抗剪键，然后将抗剪键布置好，再浇筑混凝土，形成带抗剪键的预制底板。所以预制底板和抗剪键间存在混凝土二次浇筑现象。故二者间的连接程度是本试验重点研究的内容之一。叠合板是典型的受弯构件，从裂缝开展情况来看，裂缝开展的方向应当与试件宽度方向大致平行。裂缝由试件跨中向试件支座方向均匀对称发展。从试验结果可以看出，绝大多数抗剪键处的裂缝开展状况符合典型受弯构件的裂缝开展状况，裂缝通过抗剪键平行于板宽方向发展，裂缝的开展并没有使抗剪键与板产生分离，如图 2-15（a）所示。只有少数裂缝是在抗剪块边缘产生的，如图 2-15（b）所示。由此说明，抗剪键与预制底板间虽然存在二次浇筑现象，但二者连接的整体性很好。

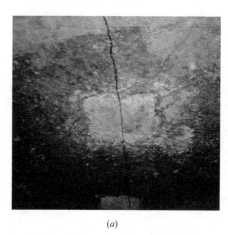
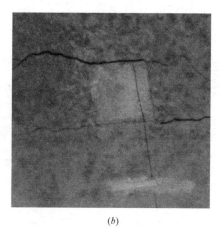

（a）　　　　　　　　　　　　　　（b）

图 2-15　抗剪键的裂缝开展

（2）叠合板的整体性分析。即预制底板与现浇层之间，破坏后是否存在相互错动问题。为此，在进行叠合板的挠度测量时，在板端测点 S9、S10、S11、S12 处分别布置了位移计，用来测量预制底板与现浇层之间的相对位移，测量计算得到的相对位移列于表 2-5，测点 S9、S10、S11、S12 的相对位移几乎为零，由此说明，叠合板的预制底板和现浇层能够很好地连接在一起，具有很好的整体性。

叠合板的相对位移（mm） 表 2-5

测点	荷载(kN)								
	3	6	9	12	15	18	21	24	27
S9	0	0	0	0.01	0	0	0.01	0.02	0
S10	0	0	0.01	0.01	0	0	0	0.01	0
S11	0.01	0	0	0	0.01	0	0.03	0	0
S12	0	0.01	0	0	0	0.01	0	0	0

　　本试验设计的抗剪键包括弧形抗剪键、弧形抗剪键（内置钢筋笼）、正方形抗剪键。如前文所述，设置弧形抗剪键的目的，是通过侧面内凹的弧形，连接预制底板和现浇层，以防止二者在板平面外发生脱离现象。设置弧形抗剪键（内置钢筋笼）的目的，是为了增加预制底板和现浇层之间的抗剪能力，同时增强防止预制底板和现浇层发生脱离。而实际上，本试验的所有板，包括没有设置抗剪键的叠合板，无论是加载过程中，还是最后加载破坏后，再吊起运走时（见图 2-16），预制底板和现浇层均发生了脱离现象。由此进一步说明，预制底板和现浇层间虽然存在二次浇筑问题，但是整体性很好，抗剪键可以采用正方形形状，无需考虑预制底板和现浇层脱离，将抗剪键的侧面设计成内凹弧形。

图 2-16 带抗剪键叠合板的起吊

第3章 带抗剪键叠合板的有限元模拟方法及验证

3.1 引　言

ABAQUS 是现在国际上公认的最为先进的工程模拟有限元软件之一，它针对简单的线性问题及复杂的非线性问题提出解决办法，具有强大的模型处理能力，它的单元库可以模拟任何几何形状，它的材料模型库可以模拟许多典型的工程材料性能，如钢筋、混凝土、复合材料、高分子材料等。特别是在处理高度非线性问题的时候它具有良好的分析能力和高度的系统可靠性，因此此软件成为国内外专业技术人员研究分析的主要工具。

ABAQUS 在国外应用的相对较早，并在工业和大量高科技产品的研发中发挥了重要的作用。ABAQUS 在 2002 年才正式引进中国，但它操作简单，用户只需要输入结构的几何形状、材料性能、约束及施加荷载情况等数据资料，就可以很容易针对复杂问题进行建模分析。特别是在非线性有限元分析中，它能够根据建模数据的实际情况选择适当的荷载增量及收敛原则，并能够在分析过程中适当地调整数据参数，确保了问题的精确解答。因此 ABAQUS 很快得到了国内相关专业人士的关注和认可。

ABAQUS 作为一种通用的大型的有限元模拟软件，它能够针对高度非线性问题及高度复杂的力学分析问题进行模拟分析。它包括 ABAQUS/Standard（隐式求解器模块）、ABAQUS/Explicit（显式求解器模块）及 ABAQUS/CAE（前后处理模块）三个模块。线性或者非线性的静力及动力问题的求解主要由隐式求解器模块完成，动力问题、瞬态问题的求解主要由显示求解器模块完成。

3.2　有限元软件模型的建立与设置

3.2.1　模型的建立

根据钢筋的处理方式不同，钢筋混凝土结构的有限元模型主要包括分离式模型结构、分布式模型结构及组合式模型结构。由于钢筋和混凝土的材料性能及力学性能存在较大差异，而分离式结构模型是最接近实际情况的同时也是应用较普遍的，故采用分离式模型来进行结构的分析和模拟。

3.2.2　单元类型与网格划分

ABAQUS 包括实体单元、梁单元、薄膜单元、壳单元、刚体单元、无限元等八大类别，具体种类达到了 433 种之多。如果采用节点位移插值的阶数的分类方法，ABAQUS包括线性单元、二阶单元及修正二次单元三大类别。线性单元又可称为一阶单元，即节点布置在单元角点上，任何方向都采用线性插值的方法。二阶单元即在一阶单元的基础上在立方体的各边都有中间节点，采用二次插值的方法。修正二次单元只有某些特殊结构才采用此方法，如 Tri 或 Tet 单元。具体结构形式如图 3-1 所示。

图 3-1　单元类型

本研究混凝土应用的是 C3D8R 实体单元结构（八节点线性减缩积分实体单元），这种结构相比于其他普通完全积分单元的优势在于它在每个方向上少用一个积分点，每个单元存在 8 个节点，每个节点存在 6 个自由度，其更适用于大变形问题的分析与解决。在弯曲荷载作用下，它能够克服剪切自锁；能够得到足够的位移精度；能够在细化网格时，减少计算所需要的时间，在分析大的网格扭曲变形问题时，也不会太影响分析的精度。

钢筋应用的是两节点线性桁架单元 T3D2，这种单元形式不能承受弯矩，只能计算轴向应力。采用 embedded 方式将钢筋网嵌入到叠合板的混凝土结构中。

有限元网格的划分是进行有限元分析非常重要的一步，会影响模型分析结果的精度。针对同一模型的分析问题，网格划分程度越细致，模型分析结果就会越接近实际中的真实情况，计算结果的精度就越高。但是相应的计算时间可能会变得更长，降低计算效率，提高计算代价，通过布置网格种子可以方便快速地控制网格密度。因此，为了提高计算效率，同时也能够保证计算的精度，可以在某些重要部位（例如应力集中区域、塑性变形较大的区域、结构的关键部位等）布置较多的种子，细化网格保证计算结果的精确。而对于不重要的区域可以适当减少种子的数量，划分较粗的网格，缩短计算时间，从而达到既能保证计算效率又能保证计算结果精度的目的。在保证计算结果精度和计算效率，同时又能相应缩短计算时间的前提下，本研究将混凝土部分网格尺寸设置为 50mm，钢筋部分网格尺寸设置为 2mm。模型的网格划分情况如图 3-2 所示。

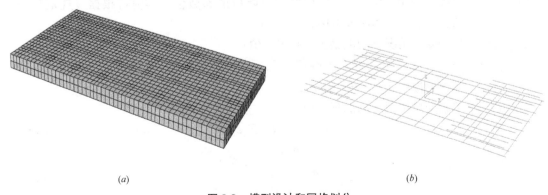

(a)   (b)

图 3-2　模型设计和网格划分

(a) 混凝土；(b) 钢筋

3.2.3 材料本构关系

（1）混凝土

ABAQUS中混凝土模型主要包括弥撒裂纹混凝土模型、混凝土损伤塑性模型及混凝土裂纹模型三种。混凝土损伤塑性模型是用各向同性损伤弹性、各向同性拉伸及压缩塑性两种指标来反映混凝土的非弹性行为，是一种基于连续性介质的弹塑性损伤模型。该模型的假定主要包括：通过拉伸开裂及压碎来表达模型失效，通过单轴拉伸压缩来表达塑性损伤，单轴应力应变曲线与塑性应变曲线能够相互转化。主要的破坏机理是混凝土材料的拉裂和压碎。

混凝土损伤塑性模型适用范围：

1）能够模拟梁、桁架、壳和实体结构等混凝土结构及其他准脆性材料结构；

2）可以采用各向同性弹塑性损伤与各向同性拉伸及压缩塑性理论相结合的方法来描述材料的非弹性行为；

3）主要是针对钢筋混凝土的模拟分析，但也可以用于素混凝土的模拟分析；

4）适用于低围压下单调循环或者动载作用下的混凝土；

5）如果想要控制材料的刚度恢复，需要在周期荷载反向作用下进行；

6）与应变相关的性状可以通过它来定义。

在混凝土模型建立过程中混凝土损伤塑性模型的相关参数主要通过混凝土单轴受拉和受压曲线求得。本研究采用《混凝土结构设计规范》GB 50010—2010（2015年版）（以下简称《规范》）中的混凝土单轴受拉及受压应力-应变曲线公式。

$$\sigma = (1 - d_t) E_c \varepsilon \tag{3-1}$$

$$d_t = \begin{cases} 1 - \rho_t \left[1.2 - 0.2 x^5 \right] & x \leqslant 1 \\ 1 - \dfrac{\rho_t}{\alpha_t (x-1)^{1.7} + x} & x > 1 \end{cases} \tag{3-2}$$

$$x = \frac{\varepsilon}{\varepsilon_{t,r}} \tag{3-3}$$

$$\rho_t = \frac{f_{t,r}}{E_c \varepsilon_{t,r}} \tag{3-4}$$

式中　α_t——混凝土单轴受拉应力-应变曲线下降段的参数值，其值可根据《规范》表C.2.3取用，本次模拟中 $\alpha_t = 1.25$；

$f_{t,r}$——单轴受拉情况下的混凝土抗拉强度值；

$\varepsilon_{t,r}$——与 $f_{t,r}$ 相对应的混凝土峰值拉应变，其值可根据《规范》表C.2.3取用，本次模拟中 $\varepsilon_{t,r} = 95 \times 10^{-6}$；

d_t——单轴受拉情况下的混凝土损伤。

$$\sigma = (1 - d_c) E_c \varepsilon \tag{3-5}$$

$$d_c = \begin{cases} 1 - \dfrac{\rho_c n}{n - 1 + x^n} & x \leqslant 1 \\ 1 - \dfrac{\rho_c}{\alpha_c (x-1)^2 + x} & x > 1 \end{cases} \tag{3-6}$$

$$\rho_c = \frac{f_{c,r}}{E_c \varepsilon_{c,r}} \tag{3-7}$$

$$n = \frac{E_c \varepsilon_{c,r}}{E_c \varepsilon_{c,r} - f_{c,r}} \tag{3-8}$$

$$x = \frac{\varepsilon}{\varepsilon_{c,r}} \tag{3-9}$$

式中　α_c——混凝土单轴受压应力-应变曲线下降段的参数值，其值可根据《规范》表 C.2.4 取用，本次模拟中 $\alpha_c = 0.74$；

　　　$f_{c,r}$——单轴受压情况下的混凝土抗压强度值；

　　　$\varepsilon_{c,r}$——与 $f_{c,r}$ 相对应的混凝土峰值压应变，其值可根据《规范》表 C.2.4 取用，本次模拟中 $\varepsilon_{t,r} = 1470 \times 10^{-6}$；

　　　d_c——单轴受压情况下的混凝土损伤。

单轴应力-应变曲线见图 3-3。

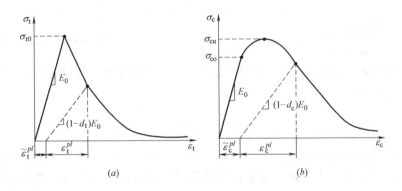

图 3-3　单轴拉伸和压缩情况下的混凝土曲线

(a) 拉伸情况；(b) 压缩情况

依据能量等效假设原理可以得到混凝土的损伤本构关系式：

$$\sigma = (1-D)^2 E_0 \varepsilon \tag{3-10}$$

式中　D——混凝土损伤变量。

将公式（3-1）和公式（3-5）分别代入公式（3-10）可以得到混凝土受拉和受压损伤变量公式：

$$D_t = 1 - \sqrt{1 - d_t} \tag{3-11}$$

$$D_c = 1 - \sqrt{1 - d_c} \tag{3-12}$$

混凝土损伤塑性模型主要采用引入损伤因子的方式描述卸载过程中混凝土刚度退化等现象。为了使计算模拟结果与实际试验结果更接近，本研究在模型中引入损伤因子，通过公式（3-11）和公式（3-12）来计算受拉和受压过程相对应的受拉、受压损伤因子 D_t、D_c。

在混凝土损伤塑性模型的实际输入过程中，与混凝土损伤塑性模型相关的其他参数如表 3-1 所示。初始弹性模量 E_0 采用混凝土材性试验测试值，泊松比 υ 采用《规范》推荐值为 0.2，混凝土密度采用 2400kg/m³。

计算参数				表 3-1
Ψ	ε	α_f	K_c	μ
30°	0.1	1.16	2/3	0.0005

注：Ψ 为膨胀角；ε 为流动势偏移值；α_f 为双轴极限抗压屈服应力和单轴极限抗压屈服应力之比；K_c 为拉伸子午面上和压缩子午面上的第二应力不变量之比；μ 为黏性系数。

（2）钢筋

钢筋的本构模型主要包括理想弹塑性模型、全曲线模型及三折线模型等种类，目前在有限元分析中应用较为广泛的是理想弹塑性模型和双线性模型。而本研究带抗剪键叠合板模型中选用的是理想弹塑性模型。

理想弹塑性钢筋材料的应力-应变关系（见图 3-4）如下列关系所示：

$$\sigma_s = E_s \varepsilon \qquad \varepsilon \leqslant \varepsilon_y \qquad (3-13)$$

$$\sigma_s = f_y \qquad \varepsilon \geqslant \varepsilon_y \qquad (3-14)$$

式中 E_s——弹性模量；

f_y——屈服应力。

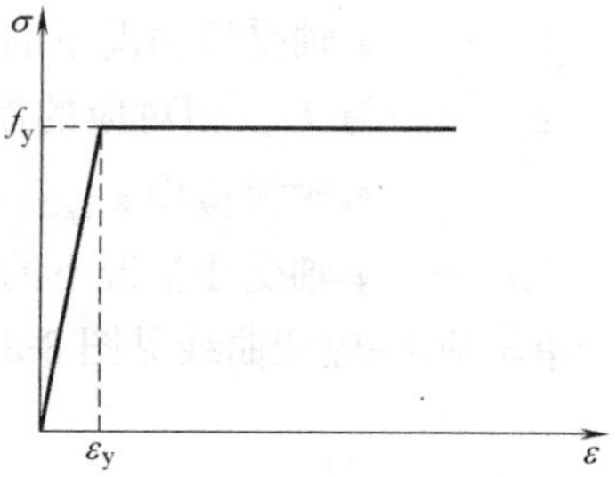

图 3-4 钢材应力-应变图

钢筋单元需输入的材料参数主要包括以下几种：弹性模量、剪切模量、泊松比及屈服应力-塑性应变曲线。

$$\sigma_s = \sqrt{\frac{1}{2}\left[(\sigma_1 - \sigma_2)^2 + (\sigma_2 - \sigma_3)^2 + (\sigma_3 - \sigma_1)^2\right]} \qquad (3-15)$$

3D 表达的是主应力所在的空间，Mises 屈服面是以 $\sigma_1 = \sigma_2 = \sigma_3$ 为轴经过旋转形成的圆柱面。2D 表达的是应力平面，屈服面为椭圆形，屈服面的内部应力都处于弹性状态，屈服面外部应力状态都会产生屈服。它适用于韧性较好的材料，屈服准则在空间的状态如图 3-5 所示。

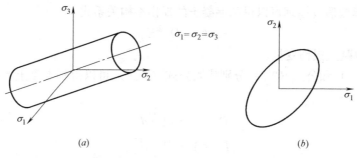

图 3-5 Von Mises 屈服准则示意图

(a) 3D；(b) 2D

在进入塑性变形阶段时，主要由弹性应变增量和塑性应变增量构成了单元体的应变增量，即：

$$d\varepsilon_{ij} = d\varepsilon_{ij}^e + d\varepsilon_{ij}^p \qquad (3-16)$$

$$d\varepsilon_{ij}^p = \frac{\partial f}{\partial \sigma_{ij}} d\lambda \qquad (3-17)$$

式中 $\mathrm{d}\varepsilon_{ij}^{e}$——弹性应变增量；

$\mathrm{d}\varepsilon_{ij}^{p}$——塑性应变增量；

f——屈服函数；

$\mathrm{d}\lambda$——比例系数。

其中
$$f = \sqrt{3J_2} - \sigma_s \tag{3-18}$$

所以
$$\frac{\partial f}{\partial \sigma_{ij}} = \frac{\partial J_2}{\partial \sigma_{ij}} \tag{3-19}$$

又有
$$\frac{\partial J_2}{\partial \sigma_{ij}} = S_{ij} \tag{3-20}$$

把公式（3-17）和公式（3-18）代入公式（3-20），则有：
$$\mathrm{d}\varepsilon_{ij}^{p} = \mathrm{d}\lambda S_{ij} \tag{3-21}$$

对于理想的弹塑性材料，公式（3-21）中的比例系数为：
$$\mathrm{d}\lambda = \frac{3\mathrm{d}W_d}{2\sigma_s^2} \tag{3-22}$$

其中 $\mathrm{d}W_d = S_{ij}\mathrm{d}e_{ij}$。

式中 W_d——形状改变功增量；

S_{ij}——应力偏张量；

e_{ij}——应变偏张量。

故：
$$\mathrm{d}\varepsilon_{ij} = \mathrm{d}\varepsilon_{ij}^{e} + \frac{3\mathrm{d}W_d}{2\sigma_s^2}S_{ij} \tag{3-23}$$

3.3 接 触 分 析

3.3.1 定义接触对

ABAQUS/Standard 的接触对定义过程中是需要区分主面（master surface）和从面（slave surface）的。在试件结构的模拟分析中，主面的法线方向是接触对的接触方向，主面上的节点是能够穿过从面的，但是从面上的节点不得穿过主面。在主面和从面的定义过程中主要需要注意以下问题。

（1）ABAQUS/Standard 中的"刚度"不仅需要考虑材料特性，还需要考虑结构的刚度。在选择主面时应当选择刚度较大的面。主面一般情况下主要是由解析面（analytical surface）或由刚性单元构成的面，从面一般是由柔体上的面（可以是施加了刚度约束的柔体）构成的面。

（2）在定义接触面时，两个接触面的刚度基本一致时，应当使用网格相对较粗的面作为主面。

（3）如果想要使模拟分析中计算的结果更加精确，两个面的节点位置最好是一一对应的。但是这种要求不是强制的，两个面的节点位置也可以不是一一对应的。

（4）主面必须是由连续节点构成的面，不能是由单组间断节点构成的面，同时主面发生接触的部分必须是光滑的，不能有尖角或者凸起的现象。

（5）当在两个接触面相互接触的位置出现很大的凸起或者尖角现象时，必须分别定义为两个面。

（6）在 ABAQUS/Standard 模拟分析过程中，应当使从面的节点包含在主面节点的范围内，从面节点不可以落在主面节点的背面，如果落在背面，可能出现无法收敛的问题。

（7）在 ABAQUS 模拟分析过程中，一对接触面的法线都指向一个方向往往会导致计算模型具有较大过盈量的过盈接触，从而导致无法收敛的现象。所以接触面的法线方向不应该有重叠的现象出现，所以一个面的法线应当指向另一个面的另一侧，针对三维实体结构模型，法线需要指向实体的外侧。

3.3.2　定义接触属性

ABAQUS/Standard 模拟分析中的接触属性主要包括以下两个部分：相互接触面间的剪切面的作用和相互接触面间的垂直面的作用。ABAQUS 中法向作用主要是指接触压力和间隙的"硬接触"（hard contact）关系，"硬接触"关系主要是指接触面间传递接触压力的大小不受其他因素的限制；两个接触面产生分离现象时，此时的接触压力值为零或者负值。

ABAQUS 中接触面切向作用常用的摩擦模型为库仑摩擦，即通过接触面的摩擦系数来体现接触面间的摩擦特性。库仑摩擦的计算公式如下所示：$\tau_{crit} = \mu \cdot p$。

本试件的模拟分析中，带抗剪键叠合板和无抗剪键叠合板的预制底板混凝土与现浇层混凝土之间都采用 General Contact 接触对形式。

3.4　荷载及边界条件

荷载使结构发生变形和产生应力。边界条件是用来对模型或模型的某一部分提供约束的。为了阻止模型出现较大的刚体移动或者滑移，需要对模型设置足够的约束；否则在计算过程中就会出现错误导致计算中断。所以边界条件要定义正确。

本研究带抗剪键叠合板模型采用均布荷载加载方式，即采用 ABAQUS 中 Pressure 荷载类型。荷载所遵循的幅值类型采用 ABAQUS 中默认的 Ramp 幅值。默认的 Ramp 幅值的含义是：在整个分析步中，幅值从零线性增长至给定值。例如，如果分析步时间是1，荷载的大小是100，幅值是 Ramp，则当分析步时刻为0时，荷载的大小为0；当分析步时刻为0.2时，荷载的大小为20；当分析步时刻为0.4时，荷载的大小为40，依此类推。

根据试验的加载条件，在分配梁与板接触的范围内，采用均布荷载模拟试验的实际加载情况。边界条件采用两端简支的约束方式。施加的荷载及边界条件如图 3-6 所示。

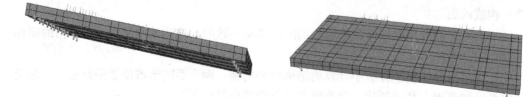

图 3-6　试件模型边界条件及加载方式

3.5 模拟结果的对比分析

利用 ABAQUS 建立与试验试件相同尺寸、相同边界条件、相同加载方式的模型，并对该模型进行模拟分析，得出各试件的荷载-挠度曲线。在对比荷载-挠度曲线时，根据力学性能影响因素（板的构造形式、抗剪键间距、抗剪键形式）分为以下三组：SJ1、SJ3、SJ5，SJ2、SJ3、SJ4、SJ5，SJ3、SJ6、SJ7。由于试验时，叠合板预制底板混凝土的标准抗压强度为 21.4MPa，现浇层混凝土的标准抗压强度为 26.8MPa，而现浇板的混凝土标准抗压强度均为 21.4MPa，两者差距较大。因此在进行无抗剪键叠合板模拟时，增加了现浇层和预制底板混凝土抗压强度均为 21.4MPa 的情况。

3.5.1 荷载-挠度曲线的对比

（1）SJ1、SJ3、SJ5 荷载-挠度曲线对比

图 3-7 模拟结果中试件预制底板混凝土标准抗压强度为 21.4MPa，现浇层混凝土标准抗压强度为 26.8MPa。同时，为了直观比较模拟结果和试验结果的差异，将各试件的开裂荷载和极限荷载列于表 3-2。

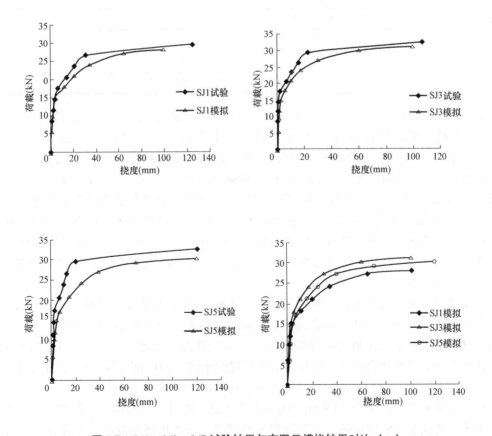

图 3-7　SJ1、SJ3、SJ5 试验结果与有限元模拟结果对比（一）

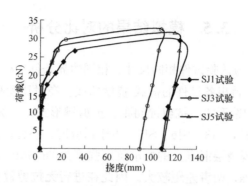

图 3-7　SJ1、SJ3、SJ5 试验结果与有限元模拟结果对比（二）

SJ1、SJ3、SJ5 试验结果与有限元模拟结果对比　　　　　表 3-2

试件		开裂荷载(kN)	极限荷载(kN)
SJ1	模拟	16.5	27
	试验	18.2	28
	误差(%)	10.3	3.7
SJ3	模拟	17	30.5
	试验	18.5	32
	误差(%)	8.8	4.9
SJ5	模拟	16.8	29
	试验	18.5	30.5
	误差(%)	10.1	5.2

　　通过 ABAQUS 模拟结果可知，SJ1 现浇板的开裂荷载为 16.5kN，极限荷载为 27kN；SJ3 带弧形抗剪键叠合板的开裂荷载为 17kN，极限荷载为 30.5kN；SJ5 无抗剪键叠合板的开裂荷载为 16.8kN，极限荷载为 29kN。将有限元模拟结果与试验结果对比分析可知，SJ1 现浇板的开裂荷载误差为 10.3%，极限荷载误差为 3.7%；SJ3 带弧形抗剪键叠合板的开裂荷载误差为 8.8%，极限荷载误差为 4.9%；SJ5 无抗剪键叠合板的开裂荷载误差为 10.1%，极限荷载误差为 5.2%。将有限元模拟的荷载-挠度曲线与试验得到的荷载-挠度曲线对比分析可知，两个曲线的发展趋势大致相同，吻合程度较好。在 SJ1、SJ3、SJ5 三种板曲线对比中，模拟曲线的分析对比与试验曲线的分析对比规律一致。由此充分说明了本研究的模拟方法准确可靠。

　　本试验由于无抗剪键叠合板预制底板混凝土标准抗压强度为 21.4MPa，现浇层混凝土标准抗压强度为 26.8MPa，而现浇板的混凝土标准抗压强度均为 21.4MPa。存在现浇板的承载力远远低于无抗剪键叠合板的问题。为了解决这个问题，根据本研究的模拟方法，建立了无抗剪键叠合板现浇层和预制底板混凝土均采用标准抗压强度为 21.4MPa 的模型 SJ5T，与 SJ1、SJ5 模拟荷载-挠度曲线进行对比，如图 3-8 所示。

　　从对比结果可知，SJ5T 的承载力比 SJ1 的承载力略低，但总体上大致相等。说明了试验中无抗剪键叠合板的承载力高于现浇板的原因是因为现浇层混凝土强度由 21.4MPa增加到了 26.8MPa。

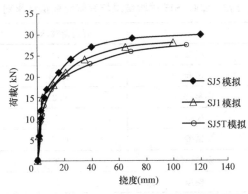

图3-8　SJ1、SJ5、SJ5T 有限元模拟结果对比

（2）SJ2、SJ3、SJ4、SJ5 荷载-挠度曲线对比

图3-9 模拟结果中试件预制底板混凝土标准抗压强度为21.4MPa，现浇层混凝土标准抗压强度为26.8MPa。同时，为了直观比较模拟结果和试验结果的差异，将各试件的开裂荷载和极限荷载列于表3-3。

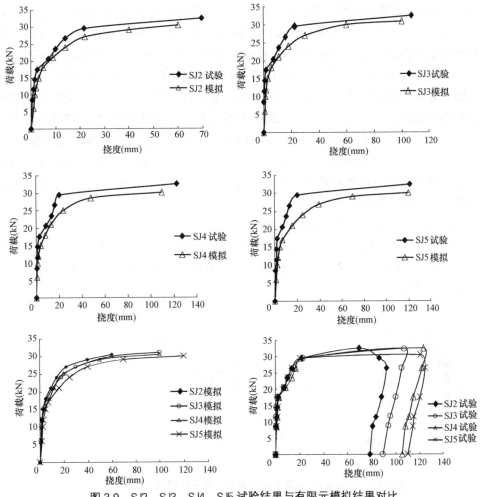

图3-9　SJ2、SJ3、SJ4、SJ5 试验结果与有限元模拟结果对比

SJ2、SJ3、SJ4、SJ5 试验结果与有限元模拟结果对比　　　表 3-3

试件		开裂荷载(kN)	极限荷载(kN)
SJ2	模拟	17.2	31
	试验	18.8	32.5
	误差(%)	9.3	4.8
SJ3	模拟	17	30.5
	试验	18.5	32
	误差(%)	8.8	4.9
SJ4	模拟	17	30
	试验	18.5	31.5
	误差(%)	8.8	5
SJ5	模拟	16.8	29
	试验	18.5	30.5
	误差(%)	10.1	5.2

通过 ABAQUS 模拟结果可知，SJ2 带弧形抗剪键叠合板的开裂荷载为 17.2kN，极限荷载为 31kN；SJ3 带弧形抗剪键叠合板的开裂荷载为 17kN，极限荷载为 30.5kN；SJ4 带弧形抗剪键叠合板的开裂荷载为 17kN，极限荷载为 30kN；SJ5 无抗剪键叠合板的开裂荷载为 16.8kN，极限荷载为 29kN。将有限元模拟结果与试验结果对比分析可知，SJ2 带弧形抗剪键叠合板的开裂荷载误差为 9.3%，极限荷载误差为 4.8%；SJ3 带弧形抗剪键叠合板的开裂荷载误差为 8.8%，极限荷载误差为 4.9%；SJ4 带弧形抗剪键叠合板的开裂荷载误差为 8.8%，极限荷载误差为 5%；SJ5 无抗剪键叠合板的开裂荷载误差为 10.1%，极限荷载误差为 5.2%。将有限元模拟的荷载-挠度曲线与试验得到的荷载-挠度曲线对比分析可知，两个曲线的发展趋势大致相同，吻合程度较好。表明抗剪键间距的小幅度提升，对叠合板的承载力几乎没有影响。

（3）SJ3、SJ6、SJ7 荷载-挠度曲线对比

图 3-10 模拟结果中试件预制底板混凝土标准抗压强度为 21.4MPa，现浇层混凝土标准抗压强度为 26.8MPa。同时，为了直观比较模拟结果和试验结果的差异，将各试件的开裂荷载和极限荷载列于表 3-4。

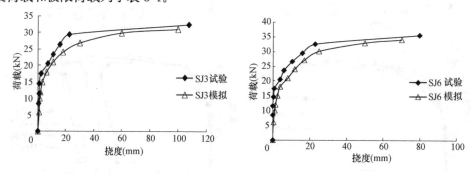

图 3-10　SJ3、SJ6、SJ7 试验结果与有限元模拟结果对比（一）

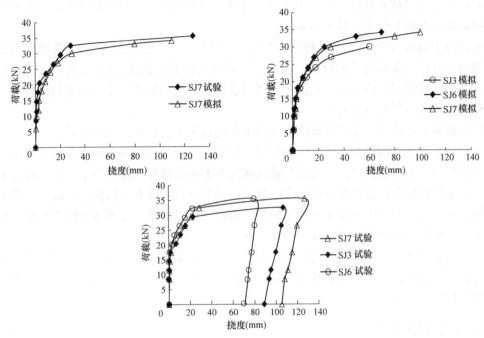

图 3-10 SJ3、SJ6、SJ7 试验结果与有限元模拟结果对比（二）

SJ3、SJ6、SJ7 试验结果与有限元模拟结果对比 表 3-4

试件		开裂荷载（kN）	极限荷载（kN）
SJ3	模拟	17	30.5
	试验	18.5	32
	误差（%）	8.8	4.9
SJ6	模拟	17.5	34
	试验	18.8	35.5
	误差（%）	7.4	4.4
SJ7	模拟	17.8	34
	试验	19.5	35.5
	误差（%）	9.6	4.4

通过 ABAQUS 模拟结果可知，SJ3 带弧形抗剪键叠合板的开裂荷载为 17kN，极限荷载为 30.5kN；SJ6 带正方形抗剪键叠合板的开裂荷载为 17.5kN，极限荷载为 34kN；SJ7 带弧形抗剪键（内置钢筋笼）叠合板的开裂荷载为 17.8kN，极限荷载为 34kN。将有限元模拟结果与试验结果对比分析可知，SJ3 带弧形抗剪键叠合板的开裂荷载误差为 8.8%，极限荷载误差为 4.9%；SJ6 带正方形抗剪键叠合板的开裂荷载误差为 7.4%，极限荷载误差为 4.4%；SJ7 带弧形抗剪键（内置钢筋笼）叠合板的开裂荷载误差为 9.6%，极限荷载误差为 4.4%。将有限元模拟的荷载-挠度曲线与试验得到的荷载-挠度曲线对比分析可知，两个曲线的发展趋势大致相同，吻合程度较好。在 SJ3、SJ6、SJ7 三种板曲线对比中，模拟曲线的分析对比与试验曲线的分析对比规律基本一致，差别不是很大。从曲线对

比可知，带正方形抗剪键叠合板与带弧形抗剪键（内置钢筋笼）叠合板在承载力方面比带弧形抗剪键叠合板高很多，效果显著。

通过以上荷载-挠度曲线可以看出，有限元模拟结果与试验测得的荷载-挠度曲线在加载初期吻合较好，随着荷载的增加，混凝土开裂后的荷载-挠度曲线出现偏差，同一荷载值时，有限元模拟得出的各项荷载值（包括开裂荷载、极限荷载）小于相应的试验值，分析出现该现象的原因有以下几点：

（1）试验中试件的实际边界条件会与模拟中的边界条件存在一定的差异。

（2）材料非线性的影响：实际试验加载过程中，混凝土与钢筋之间存在粘结滑移，而模拟中虽然引入了所谓的"拉伸硬化"效应间接考虑粘结滑移，将钢筋单元嵌入混凝土单元中，钢筋与钢板节点的自由度由周围混凝土单元节点自由度的内插值进行约束，两者共同变形。这种方法在一定程度上改善了模拟结果，但难以准确模拟实际结构中钢筋与混凝土发生严重粘结滑移时试件的刚度及位移变化。

（3）实际试件存在的初始缺陷不同：由于施工时客观条件的制约，每个试件在制作过程中会有初始缺陷，这会导致加载点与试件中心线无法保持在同一平面内，也会导致试验结果与模拟结果出现偏差。

3.5.2　裂缝对比分析

用有限元方法对结构进行受力分析时，为了形象地了解结构的应力分布情况，一般通过颜色的变化来描述应力的变化，这种图形称为应力云图。可以通过混凝土的应力云图分布来判断混凝土开裂情况和裂缝分布的大致位置。

（1）SJ1、SJ3、SJ5 极限荷载时的裂缝状态

试件达到极限荷载时，SJ1、SJ3、SJ5 试验裂缝发展状态见图 3-11，有限元模拟裂缝发展状态见图 3-12。

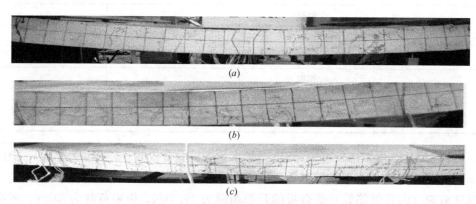

(a)

(b)

(c)

图 3-11　SJ1、SJ3、SJ5 试验裂缝发展图
(*a*) SJ1；(*b*) SJ3；(*c*) SJ5

由图 3-12 可以看出，混凝土产生塑性拉应变即裂缝宽度较大的区域主要集中在混凝土板跨中附近，裂缝由跨中向支座方向对称均匀地发展，裂缝宽度方向与试件宽度方向大致平行，这些模拟结果与试验结果和上述试验现象的描述基本吻合。试验也是在开裂荷载时出现一道裂缝，随着荷载的增加，裂缝的数量和宽度也随之相应增加，裂缝开始沿着试

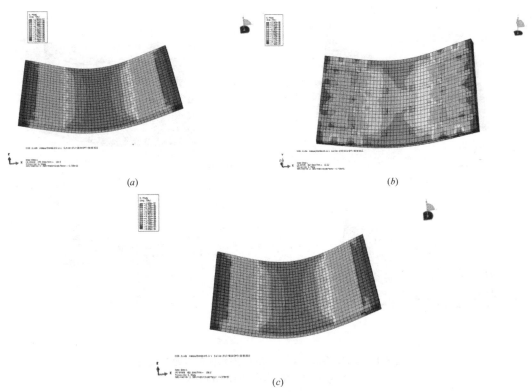

图 3-12　SJ1、SJ3、SJ5 有限元模拟裂缝发展图
(*a*) SJ1；(*b*) SJ3；(*c*) SJ5

件的底板向试件的侧面发展，裂缝由试件跨中向试件支座方向呈均匀对称发展。当荷载继续增加至实测极限荷载值时，试件破坏。

（2）SJ2、SJ3、SJ4、SJ5 极限荷载时的裂缝状态

试件达到极限荷载时，SJ2、SJ3、SJ4、SJ5 试验裂缝发展状态见图 3-13，有限元模拟裂缝发展状态见图 3-14。

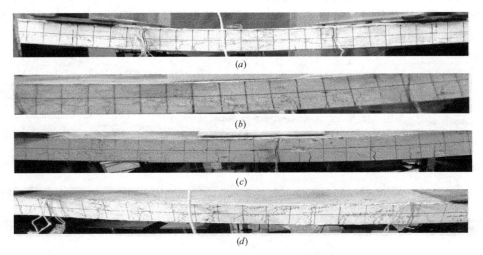

图 3-13　SJ2、SJ3、SJ4、SJ5 试验裂缝发展图
(*a*) SJ2；(*b*) SJ3；(*c*) SJ4；(*d*) SJ5

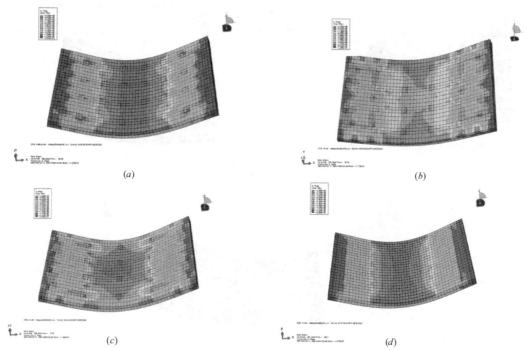

图 3-14 SJ2、SJ3、SJ4、SJ5 有限元模拟裂缝发展图

(a) SJ2;(b) SJ3;(c) SJ4;(d) SJ5

由图 3-14 可以看出,混凝土产生塑性拉应变即裂缝宽度较大的区域与前面试件大致相同,也是主要集中在混凝土板跨中附近,裂缝也是由跨中向支座方向对称均匀地发展,裂缝宽度方向与试件宽度方向大致平行,这些模拟结果与试验结果也与上述试验现象的描述基本吻合。试验也是在开裂荷载时出现一道裂缝,随着荷载的增加,裂缝的数量和宽度也随之相应增加,裂缝开始沿着试件的底板向试件的侧面发展,裂缝由试件跨中向试件支座方向呈均匀对称发展。当荷载继续增加至实测极限荷载值时,试件破坏。

(3) SJ3、SJ6、SJ7 极限荷载时的裂缝状态

试件达到极限荷载时,SJ3、SJ6、SJ7 试验裂缝发展状态见图 3-15,有限元模拟裂缝发展状态见图 3-16。

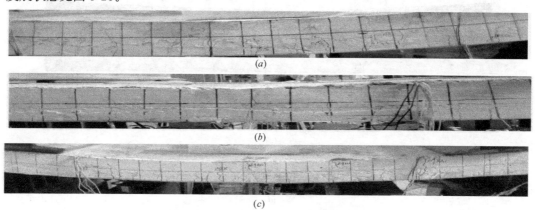

图 3-15 SJ3、SJ6、SJ7 试验裂缝发展图

(a) SJ3;(b) SJ6;(c) SJ7

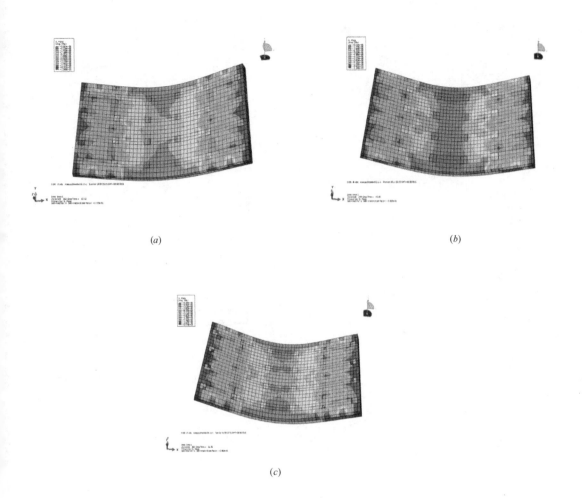

图 3-16　SJ3、SJ6、SJ7 有限元模拟裂缝发展图
(a) SJ3；(b) SJ6；(c) SJ7

由图 3-16 可以看出，混凝土产生塑性拉应变即裂缝宽度较大的区域与前面试件大致相同，也是主要集中在混凝土板跨中附近，裂缝也是由跨中向支座方向对称均匀地发展，裂缝宽度方向与试件宽度方向大致平行，这些模拟结果与试验结果也与上述试验现象的描述基本吻合。试验也是在开裂荷载时出现一道裂缝，随着荷载的增加，裂缝的数量和宽度也随之相应增加，裂缝开始沿着试件的底板向试件的侧面发展，裂缝由试件跨中向试件支座方向呈均匀对称发展。当荷载继续增加至实测极限荷载值时，试件破坏。

3.5.3　钢筋应力分析

7 个试件极限荷载时内部钢筋的应力见图 3-17。从图中可以看出，在极限荷载时，叠合板跨中受拉钢筋达到屈服，然后逐渐向支座方向发展，直至所有钢筋完全屈服。这与试验现象基本一致。

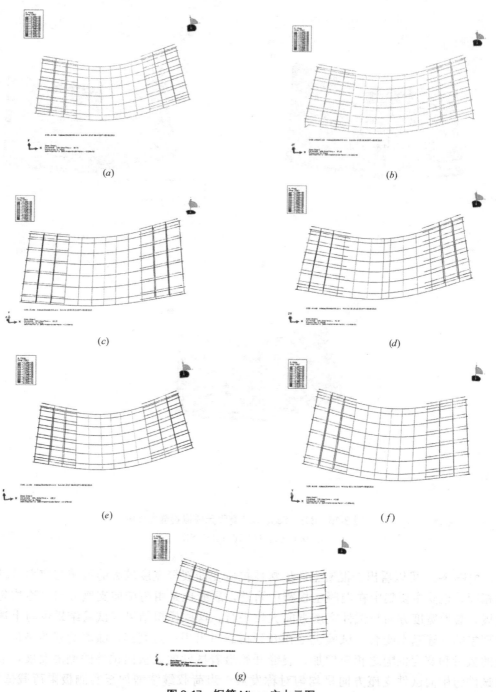

图 3-17　钢筋 Mises 应力云图

(a) SJ1；(b) SJ2；(c) SJ3；(d) SJ4；(e) SJ5；(f) SJ6；(g) SJ7

第4章 带抗剪键叠合板单向板的力学性能及设计方法

4.1 引 言

叠合板内设置抗剪键的目的，就是为了抵御预制底板与现浇层间的相对错动，增强结构的整体性，能否达到与现浇板相近的受力性能是衡量带抗剪键叠合板工程可行性的关键问题。在竖向荷载作用下，影响叠合板力学性能的因素有很多，包括抗剪键的间距、横截面积和混凝土强度等级等。本章建立了一系列有限元模拟，模拟了带抗剪键叠合板在竖向荷载作用下的受力过程，分析了影响叠合板力学性能的主要因素。

4.2 带抗剪键叠合板受力过程分析

4.2.1 模型选择

为了对比带抗剪键叠合板与相同尺寸条件下的现浇板在竖向荷载作用下的受力过程，设计了带有4行8列抗剪键的叠合板与相同截面尺寸的现浇板。两个试件的尺寸与试验相同，除抗剪键采用C30强度等级的混凝土外，叠合板与现浇板的板体均采用C25强度等级的混凝土，钢筋等级和布置方式与试验相同，均采用 HRB335φ8 的钢筋。两个试件的编号分别为 XJB 和 DHB-2，抗剪键的间距等参数见表 4-1。

试件 XJB 和 DHB-2 的参数信息　　　　　　　　　　表 4-1

试件编号	叠合板类型	有无抗剪键	抗剪键行间距(mm)	抗剪键列间距(mm)
XJB	现浇板	无	—	—
DHB-2	叠合板	有	300	320

在模拟过程中，有限元模拟软件采用 ABAQUS。混凝土本构关系采用损伤塑性模型，模型中的参数依据材料试验及《混凝土结构设计规范》GB 50010—2010（2015 年版）附录 C 的混凝土本构关系式（C.2.3-1）～式（C.2.3-4）和式（C.2.4-1）～式（C.2.4-5）计算，因加载方式为静力加载，所以未考虑损伤因子。钢筋本构关系采用双折线模型，第二段折线斜率取为前段的 1/100，模型中的其他参数取材料试验值。预制底板、现浇层混凝土和抗剪键采用三维实体单元（C3D8R）、钢筋采用三维桁架单元（T3D2）。钢筋与混凝土之间采用嵌入区域约束（Embedded region）方式耦合。求解采用全牛顿（Full Newton）迭代法。模型边界条件与试验相同。考虑到实际生产过程中，叠合板的预制底板与现浇层间未必能保证牢固接触，二者的接触面间偏安全的采用摩擦接触，摩擦系数取 0.8。

4.2.2　受力过程分析

荷载-挠度曲线描述了结构在外力作用下，当前所能承受的荷载大小与变形间的曲线关系。对于板构件，从结构变形的角度来看，可将其荷载-挠度曲线分为四个阶段：弹性阶段、开裂阶段、屈服阶段和破坏阶段。弹性阶段是板在外荷载作用下的初始变形阶段，满足一般弹性体应力与应变的线性变化规律；开裂阶段是板底在拉应力作用下开始出现裂缝的阶段，这一阶段裂缝的发展速度较慢，主要集中在板底跨中区域；屈服阶段是板底钢筋应力达到屈服强度的阶段，此时板底裂缝发展速度加快，并逐渐蔓延到板侧面；破坏阶段是板底裂缝达到最大宽度的阶段，此时板已经达到最大承载力极限状态，荷载-挠度曲线趋于平缓，所能承受的荷载基本不再发生变化。

图 4-1 是 XJB 现浇板与 DHB-2 叠合板的荷载-挠度曲线对比。从图中可以看出，在竖向荷载作用下，设置一定数量的抗剪键后，叠合板与现浇板的受力过程和曲线变化趋势基本一致，表现出相近的力学性能。二者在弹性阶段的荷载-挠度曲线均为直线，且基本重合，斜率相差很小。随着荷载的增加，带抗剪键叠合板较现浇板先进入开裂阶段，此时二者的斜率均有所下降，但彼此保持平行趋势，承载力相差不大。继续增加荷载，现浇板的曲线增长速率稍快于带抗剪键叠合板。当达到最终的破坏阶段时，二者的极限承载力也均达到最大值，相差 8% 左右。

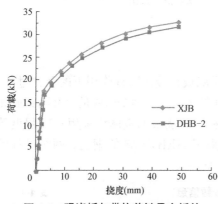

图 4-1　现浇板与带抗剪键叠合板的荷载-挠度曲线对比

在 ABAQUS 的计算结果中，各种参数的云图最能直观地反映结构的变形规律和破坏特征，云图可以通过颜色变化来描述某一时刻结构不同部位的输出结果，同时也能显示参数在一定范围内的具体数值变化。为此，根据有限元模型的计算结果，提取了带抗剪键叠合板和现浇板在弹性阶段、开裂阶段、屈服阶段和破坏阶段不同输出结果的云图，包括板底混凝土第一主应力云图、钢筋 Mises 应力云图、钢筋应变云图和跨中位移云图，并进行了对比与分析。为保证对比过程中云图的准确性，在提取某一阶段的云图时，需要令模型的其中一项输出结果保持一致，即带抗剪键叠合板与现浇板在弹性阶段的云图由板底混凝土第一主应力接近混凝土抗拉强度的时刻提取；在开裂阶段的云图由板底混凝土第一主应力超过混凝土抗拉强度的时刻提取；在屈服阶段的云图由钢筋 Mises 应力达到钢筋屈服强度的时刻提取；在破坏阶段的云图由钢筋应变达到 0.01 的时刻提取。

图 4-2 是带抗剪键叠合板与现浇板在弹性阶段的云图对比。从图中可以看出，当接近混凝土的抗拉强度时，现浇板板底混凝土第一主应力分布均匀，沿板跨中向支座两侧逐渐减小，符合受弯构件的应力变化规律。带抗剪键叠合板板底混凝土第一主应力也沿跨中向两侧逐渐减小，但抗剪键的混凝土第一主应力明显大于周围预制底板的混凝土第一主应力，这是因为在竖向荷载作用下，带抗剪键叠合板在整体受弯的同时，预制底板与现浇层间会发生相对错动，从而对抗剪键产生平行于中性层方向的剪切力，导致其拉应力增大。对比同一时刻钢筋 Mises 应力云图、钢筋应变云图和跨中位移云图，带抗剪键叠合板与现浇板间均相差不明显。其中，钢筋 Mises 应力相差约 0.7%，钢筋应变相差约 1.5%，跨中位移相差约 2%，这也与图 4-1 中带抗剪键叠合板与现浇板的荷载-挠度曲线在弹性阶段基本重合的状态相一致。

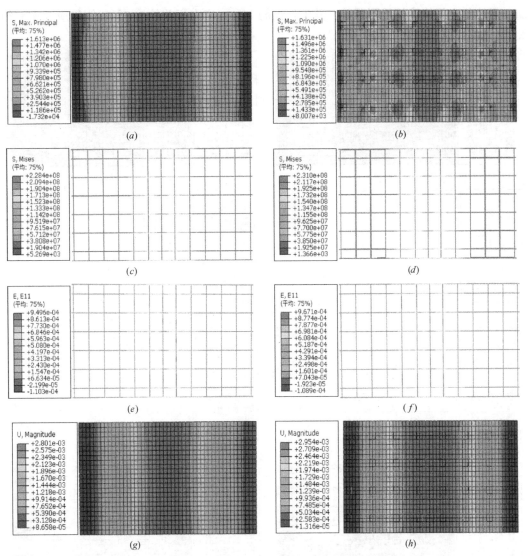

图 4-2 带抗剪键叠合板与现浇板在弹性阶段的云图对比

(a) 现浇板板底混凝土第一主应力云图；(b) 带抗剪键叠合板板底混凝土第一主应力云图；(c) 现浇板钢筋 Mises 应力云图
(d) 带抗剪键叠合板钢筋 Mises 应力云图；(e) 现浇板钢筋应变云图；(f) 带抗剪键叠合板钢筋应变云图
(g) 现浇板跨中位移云图；(h) 带抗剪键叠合板跨中位移云图

　　图 4-3 是带抗剪键叠合板与现浇板在开裂阶段的云图对比。从图中可以看出，当现浇板与带抗剪键叠合板的板底混凝土第一主应力均超过混凝土抗拉强度时，除应力值发生变化外，现浇板在该阶段的混凝土第一主应力分布规律与弹性阶段相同，仍沿板跨中向支座两侧逐渐减小。带抗剪键叠合板板底混凝土第一主应力分布规律也与弹性阶段类似，区别在于抗剪键周围预制底板的混凝土第一主应力明显增加，有些已经与抗剪键的混凝土第一主应力值相同。这是因为随着荷载的增加，预制底板与现浇层间的错动程度加大，作用在抗剪键上的剪切力也随之变大。由于力的相互作用，预制底板与现浇层在挤压抗剪键的同时，也会受到来自抗剪键的剪切力，导致拉应力变大。对比同一时刻带抗剪键叠合板与现浇板的钢筋 Mises 应力云图、钢筋应变云图和跨中位移云图，三者较弹性阶段均有所增

加，但彼此之间依然相差不明显。其中，钢筋 Mises 应力相差约 1.6%，钢筋应变相差约 2.3%，跨中位移相差约 3.5%。

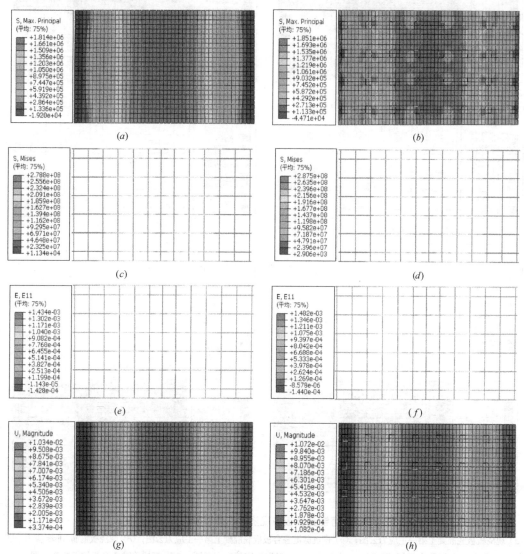

图 4-3　带抗剪键叠合板与现浇板在开裂阶段的云图对比

(a) 现浇板板底混凝土第一主应力云图；(b) 带抗剪键叠合板板底混凝土第一主应力云图；(c) 现浇板钢筋 Mises 应力云图
(d) 带抗剪键叠合板钢筋 Mises 应力云图；(e) 现浇板钢筋应变云图；(f) 带抗剪键叠合板钢筋应变云图
(g) 现浇板跨中位移云图；(h) 带抗剪键叠合板跨中位移云图

　　图 4-4 是带抗剪键叠合板与现浇板在屈服阶段的云图对比。从图中可以看出，当钢筋 Mises 应力达到钢筋屈服强度时，带抗剪键叠合板与现浇板的板底混凝土第一主应力云图开始发生变化。现浇板板底混凝土第一主应力沿板横向依然由板跨中向支座两侧逐渐减小，但沿板纵向则由板跨中向板侧面逐渐增大，带抗剪键叠合板板底混凝土第一主应力云图也存在同样的变化。说明在这一阶段，带抗剪键叠合板与现浇板的裂缝均开始由板底向板侧面发展。同时，带抗剪键叠合板内的部分抗剪键混凝土第一主应力出现了远大于周围预制底板混凝土第一主应力的现象。这是因为到了屈服阶段，板底混凝土第一主应力早已

超过混凝土的抗拉强度，已经开裂的预制底板混凝土无法继续承担拉应力。而对于部分没有出现裂缝的抗剪键，虽然其周围预制底板混凝土的拉应力不会继续增长，但仍保持与抗剪键间的接触关系。随着荷载的不断增加，预制底板与现浇层对抗剪键的挤压程度不断增大，产生的剪切力也越来越大。因此，在预制底板传递的拉应力和剪切力的共同作用下，部分抗剪键在这一阶段的拉应力明显增大。对比同一时刻带抗剪键叠合板与现浇板的钢筋应变和跨中位移，二者分别相差4%和5.2%，较弹性阶段和开裂阶段均有所增加。

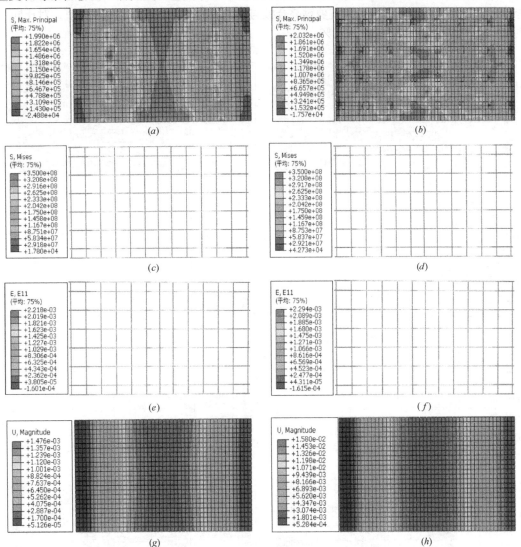

图4-4　带抗剪键叠合板与现浇板在屈服阶段的云图对比

(a)现浇板板底混凝土第一主应力云图；(b)带抗剪键叠合板板底混凝土第一主应力云图；(c)现浇板钢筋Mises应力云图
(d)带抗剪键叠合板钢筋Mises应力云图；(e)现浇板钢筋应变云图；(f)带抗剪键叠合板钢筋应变云图
(g)现浇板跨中位移云图；(h)带抗剪键叠合板跨中位移云图

图4-5是带抗剪键叠合板与现浇板在破坏阶段的云图对比。从图中可以看出，当钢筋应变达到0.01时，带抗剪键叠合板与现浇板均达到承载力极限状态，二者的板底混凝土第一主应力云图不再发生变化。现浇板板底混凝土第一主应力沿板横向由板跨中到支座两侧、沿

板纵向由板跨中到板侧面基本相同。带抗剪键叠合板除边缘区域外，绝大多数抗剪键与周围预制底板的混凝土第一主应力也保持一致，说明此时的预制底板与抗剪键均已发生破坏，不能保持原有的工作状态，无法继续承担拉应力与剪切力。由钢筋 Mises 应力云图也可以看出，在屈服阶段，预制底板与抗剪键无法承担的拉力全部传递给钢筋，在拉力的作用下，带抗剪键叠合板与现浇板的钢筋屈服首先发生在板底跨中位置处，随着荷载的增加，钢筋的屈服状态沿板受弯方向发展到支座区域。到了破坏阶段，除支座所在区域，板底的受力筋已基本全部达到钢筋的屈服强度，带抗剪键叠合板与现浇板的极限承载力达到最大值。对比同一时刻二者的跨中位移，相差约 6.5%。

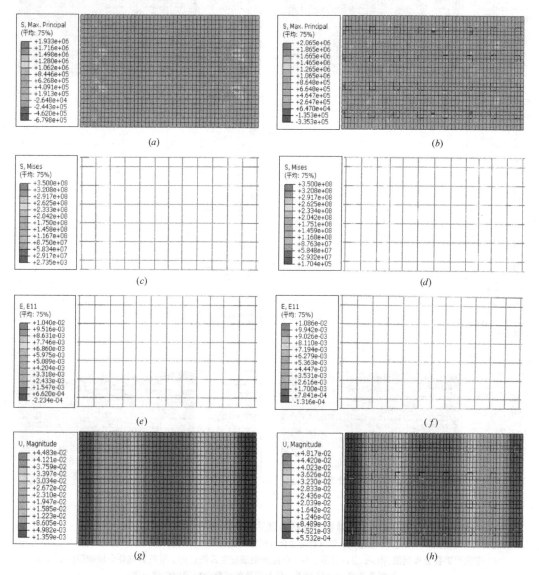

图 4-5　带抗剪键叠合板与现浇板在破坏阶段的云图对比

（*a*）现浇板板底混凝土第一主应力云图；（*b*）带抗剪键叠合板板底混凝土第一主应力云图；（*c*）现浇板钢筋 Mises 应力云图；（*d*）带抗剪键叠合板钢筋 Mises 应力云图；（*e*）现浇板钢筋应变云图；（*f*）带抗剪键叠合板钢筋应变云图（*g*）现浇板跨中位移云图；（*h*）带抗剪键叠合板跨中位移云图

通过对比带抗剪键叠合板与现浇板在不同受力阶段的板底混凝土第一主应力云图、钢筋 Mises 应力云图、钢筋应变云图和跨中位移云图后发现，设置一定数量的抗剪键后，叠合板与现浇板在不同受力阶段各项输出结果的云图变化基本相同。二者的板底混凝土第一主应力分布规律一致，都是先沿板横向由板跨中向支座两侧逐渐减小，再沿板纵向由板跨中向板侧面逐渐增大。在这一变化过程中，由于预制底板与抗剪键间的相互错动，抗剪键混凝土的第一主应力会大于周围预制底板混凝土的第一主应力。除此之外，带抗剪键叠合板与现浇板在不同阶段的钢筋 Mises 应力、钢筋应变和跨中位移值会有所变化，但彼此相差不大，与二者荷载-挠度曲线的变化趋势相符。由此可以看出，叠合板内设置一定数量的抗剪键后，其力学性能可以达到与现浇板相近的程度。

4.3 叠合板内设置抗剪键的必要性分析

4.3.1 带不同个数抗剪键叠合板的模型设计

在上述分析中，叠合板内设置了一定数量的抗剪键，其荷载-挠度曲线的变化趋势及板底混凝土第一主应力、钢筋 Mises 应力、钢筋应变和跨中位移的变化均与现浇板相近。当叠合板内设置更多或更少的抗剪键，甚至不设置抗剪键时，其力学性能与现浇板相比如何？为研究这一问题，以 DHB-2 叠合板为基础，通过增加和减少抗剪键的个数，设计了编号为 DHB-1、DHB-3、DHB4 和 DHB-5 的 4 块叠合板，并将其有限元模拟结果与现浇板进行对比和分析。

表 4-2 是 6 个试件的部分参数信息。XJB 现浇板和 DHB-2 叠合板是已有的有限元模型，其中 DHB-2 叠合板设置了 4 行 8 列抗剪键。在此基础上，DHB-1 叠合板增加了抗剪键的个数，设置了 4 行 9 列抗剪键；DHB-3 叠合板和 DHB-4 叠合板减少了抗剪键的个数，分别设置了 4 行 4 列抗剪键和 2 行 2 列抗剪键；DHB-5 叠合板不设置抗剪键。4 块叠合板的其余参数与 DHB-2 叠合板相同，均采用正方形抗剪键，横截面积为 100mm×100mm，混凝土强度等级为 C30；预制底板和现浇层的厚度相同，混凝土强度等级为C25，二者的接触面间采用摩擦接触；钢筋由板底分布筋和受力筋，以及板顶两侧的负弯矩筋组成，采用型号为 HRB335 的钢筋，钢筋直径为 8mm，间距为 200mm。

带不同个数抗剪键叠合板的参数信息　　　　　　　　　表 4-2

板编号	类别	有无抗剪键	抗剪键个数		抗剪键间距(mm)	
			行数	列数	行间距	列间距
XJB	现浇板	无	—	—	—	—
DHB-1	叠合板	有	4	9	300	280
DHB-2	叠合板	有	4	8	300	320
DHB-3	叠合板	有	4	4	300	750
DHB-4	叠合板	有	2	2	900	2250
DHB-5	叠合板	无	—	—	—	—

4.3.2　带不同个数抗剪键叠合板与现浇板的荷载-挠度曲线对比

图4-6是带不同个数抗剪键叠合板与现浇板的荷载-挠度曲线对比。从图中可以看出，当叠合板的预制底板与现浇层接触面间采用摩擦接触时，抗剪键个数的变化对叠合板的荷载-挠度曲线存在很大影响。不设置抗剪键的DHB-5叠合板，其荷载-挠度曲线呈直线变化趋势，上升速率非常缓慢，刚度和承载力也很低，可以判断此时叠合板的预制底板与现浇层间存在较大错动，无法保证协同工作。在叠合板的端部位置处设置4个抗剪键后，DHB-4叠合板的刚度和承载力明显提高，较DHB-5叠合板增加约327%和241%，荷载-挠度曲线上升速率加快，但仍然呈直线变化趋势。当设置4行4列抗剪键后，DHB-3叠合板的荷载-挠度曲线开始发生变化，在弹性阶段与开裂阶段的分界点处出现弯曲，刚度和承载力较DHB-4叠合板增加约125%和38%。随着抗剪键的增加，设置4行8列抗剪键的DHB-2叠合板，其荷载-挠度曲线已与XJB现浇板非常接近，刚度和承载力较DHB-3叠合板增加约84%和31%。继续增加抗剪键，设置4行9列抗剪键的DHB-1叠合板，其荷载-挠度曲线基本不再发生变化，与XJB现浇板接近重合，刚度和承载力仅比DHB-2叠合板增加约3%和5%。

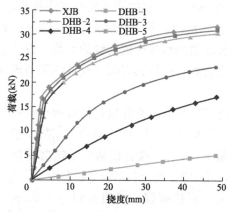

图4-6　带不同个数抗剪键叠合板与现浇板的荷载-挠度曲线对比

由以上分析可知，叠合板的预制底板与现浇层接触面间采用摩擦接触时，是否设置抗剪键对于叠合板的整体力学性能影响很大。不设置抗剪键或抗剪键个数较少的叠合板，刚度和承载力很低，无法保证预制底板与现浇层间的协同工作。随着抗剪键个数的增加，叠合板的荷载-挠度曲线上升速率加快，刚度和承载力也不断增加。当叠合板内抗剪键的个数增加到一定程度后，其荷载-挠度曲线的形状已经与现浇板非常接近，继续增加抗剪键，叠合板的刚度和承载力不再发生变化。

4.3.3　带不同个数抗剪键叠合板与现浇板的侧面变形对比

叠合板内设置抗剪键的目的，就是为了避免在接触面连接不牢固时，预制底板与现浇层间发生相对错动。因为当预制底板与现浇层无法保证协同工作时，叠合板的刚度、承载力会明显下降，荷载-挠度曲线也与现浇板存在很大差异。为了进一步研究叠合板内设置抗剪键的必要性，提取了XJB现浇板和DHB-1~DHB-5五块叠合板在跨中位移相同时的侧面变形图，并进行了如下分析。

图4-7是带不同个数抗剪键叠合板与现浇板的侧面变形对比。从图中可以看出，当接触面间采用摩擦接触时，抗剪键个数的变化对预制底板与现浇层间的错动程度存在较大影响。不设置抗剪键的DHB-5叠合板，其预制底板与现浇层间明显发生相对错动，在图中表现为接触面上下网格单元的边界线不在一条竖线上，全部呈交叉平行的状态，位移云图

不连续。在叠合板的端部位置处设置 4 个抗剪键后，DHB-4 叠合板的预制底板与现浇层间错动程度明显降低，跨中和支座区域未出现相对错动，但在四分点位置处的位移云图不连续，错动程度较大。当设置 4 行 4 列抗剪键后，DHB-3 叠合板的预制底板与现浇层间仍存在微小的相对错动，但已很不明显，说明此时设置的抗剪键个数能够基本保证预制底板与现浇层间的协同工作。随着抗剪键的增加，设置 4 行 8 列抗剪键的 DHB-4 叠合板，其预制底板与现浇层间已不再发生相对错动，接触面上下网格单元的边界线全部在一条竖线上，呈连续垂直的状态，说明此时设置的抗剪键个数已能完全保证预制底板与现浇层间的协同工作。继续增加抗剪键，设置 4 行 9 列抗剪键的 DHB-1 叠合板，其侧面变形已与 XJB 现浇板完全一致。

由以上分析可知，叠合板的预制底板与现浇层接触面间采用摩擦接触时，设置不同个数的抗剪键，叠合板的整体性存在较大差异。抗剪键个数越多，接触面间的相对错动越小，叠合板的连续性和整体性越强，从而保证预制底板与现浇层间的协同工作，与现浇板的变形趋势也更加接近。

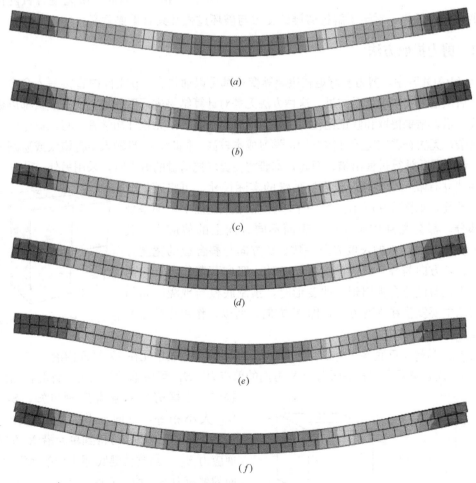

图 4-7 带不同个数抗剪键叠合板与现浇板的侧面变形对比
(a) XJB；(b) DHB-1；(c) DHB-2；(d) DHB-3；(e) DHB-4；(f) DHB-5

4.4　叠合板内抗剪键的剪力分布规律

4.4.1　抗剪键的受力分析

对比带抗剪键叠合板与现浇板的云图、荷载-挠度曲线以及侧面变形图后可以看出，

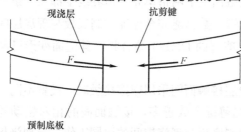

图4-8　预制底板与现浇层对抗剪键的剪切力

接触面间采用摩擦接触的叠合板，其刚度和承载力会受到抗剪键数量的影响。在竖向荷载作用下，叠合板会逐渐发生弯曲变形，预制底板与现浇层间的相对错动会对抗剪键产生平行于中性层方向的剪切力，如图 4-8 所示。由于叠合板沿受弯方向各区域的变形程度并不一致，不同位置处的抗剪键所受的剪切力也各不相同。因此，研究叠合板内抗剪键的剪力分布规律，对于了解抗剪键的受力与破坏过程都具有重要意义。

4.4.2　剪力提取方法

在 ABAQUS 中，剪力、弯矩和扭矩等变量都可以通过在 inp 文件内直接写入命令，计算完成后从输出文本中查看结果。这种方法无需对计算结果进行后处理，所有变量都以数值的形式显示，结果提取和修正也较为方便。但对于一些有限元软件初学者，写入命令的方法过于复杂，无法查看结构的具体形状，学习成本较高。同时，一旦输入字符错误或遗漏命令选项，都会导致计算过程出错。因此，本研究在提取抗剪键的剪力时，采用另外一种方法。

在建立有限元模型时，根据抗剪键的实际尺寸，可将其划分为 8 个单元，如图 4-9 所示。每一个单元在计算过程中，都是独立的部分，都会受到作用在单元表面不同方向上的剪应力。其中，X 方向与叠合板的长度方向一致，Y 方向与叠合板的宽度方向一致，Z 方向与叠合板的厚度方相一致。竖向荷载作用下，两边简支带抗剪键叠合板出现弯曲变形时，预制底板与现浇层间的相对错动主要发生在受弯方向，即 X 方向。所以，作用在单元上的剪应力也沿 X 方向。

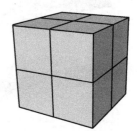

图4-9　抗剪键的 8 个单元

图 4-10 是抗剪键底部一个单元的剪应力方向，S_{13} 代表单元在 YZ 平面内沿 Z 方向的剪应力，S_{31} 代表单元在 XY 平面内沿 X 方向的剪应力。S_{13} 可由单元节点内的计算输出结果

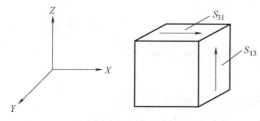

图4-10　抗剪键底部一个单元的剪应力方向

提取，根据剪应力互等定理可知，S_{31} 与 S_{13} 大小相等，方向彼此垂直。这样，在 S_{13} 已知的条件下，可得到单元沿 X 方向的剪应力 S_{31}。当抗剪键底部 4 个单元沿 X 方向的剪应力 S_{31} 均已知时，将其分别乘以对应的单元面积，然后求和，即可得到作用在抗剪键上沿 X 方向的总剪力。根据施加的竖

向荷载与对应的总剪力大小，可绘制出叠合板的荷载-剪力曲线。

4.4.3　抗剪键的选取与编号

根据结构的对称性，两边简支的带抗剪键叠合板，沿板长方向位于跨中两侧的抗剪键剪力值大小相等。而沿板宽方向位于同一纵列的抗剪键，由于截面所在位置处预制底板与现浇层间的错动程度一致，抗剪键的剪力值大小也基本相等。为此，根据设置 4 行 8 列抗剪键的 DHB-2 叠合板的计算结果，选取其四分之一区域内靠近板外侧的四块抗剪键进行分析，并绘制了对应的荷载-剪力曲线。抗剪键的编号如图 4-11 所示。

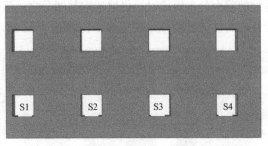

图 4-11　DHB-2 叠合板四分之一区域内的抗剪键编号

4.4.4　抗剪键的剪力分布规律

图 4-12 是 DHB-2 叠合板四分之一区域内，编号为 S1、S2、S3 和 S4 的抗剪键的荷载-剪力曲线。从图中可以看出，在加载初期，各抗剪键的剪力均随竖向荷载的增加而线性增加，荷载-剪力曲线呈直线变化。当荷载增加到一直程度时，S4 抗剪键的剪力最先达到最大值，然后突然下降，且下降速度很快。继续增加荷载，S3 抗剪键的剪力也达到最大值，并突然下降。随后，S2 抗剪键的剪力达到最大值，最后是 S1 抗剪键。四块抗剪键达到剪力最大值时，S1 抗剪键最大，为 5.98kN；S2 抗剪键次之，为 3.21kN；然后是 S3 抗剪键，为 1.68kN；最小的是 S4 抗剪键，为 1.13kN。

对比 S1、S2、S3 和 S4 四块抗剪键的剪力变化趋势发现，四块抗剪键在达到剪力最大值后，继续增加荷载，其剪力均会突然下降。这是因为抗剪键内没有设置钢筋，属于素混凝土结构，当所受的剪力达到某一临界值时，会发生脆性破坏，表现为荷载-剪力曲线在剪力最大值两侧的斜率明显不同。跨中区域的抗剪键 S4 最先发生破坏，支座区域的抗剪键 S1 最后发生破坏，说明抗剪键是由跨中向支座两侧逐渐发生破坏的。出现这种现象的原因是在竖向荷载作用下，两边简支叠合板在跨中区域的弯矩最大，并沿受弯方向向支座两侧逐渐减小，位于跨中区域的抗剪键在弯矩和剪力的耦合作用下，最先发生破坏。而位于支座区域的抗剪键，由于支座处约束作用的存在，这一区域预制底板与现浇层相对错动的程度最小，对抗剪键的挤压作用也最小，因此能承受更大的剪力。

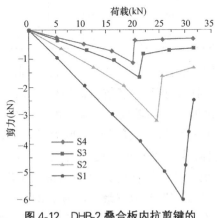

图 4-12　DHB-2 叠合板内抗剪键的荷载-剪力曲线

在 DHB-2 叠合板中，四块抗剪键沿板长方向的位置不同，抗剪键的剪力最大值也各不相同。抗剪键沿板长方向的位置是否会影响抗剪键的剪力值大小？为研究这一问题，将抗剪键沿板长方向的位置由抗剪键的中心点到支座边缘的距离 d 代替，这样，沿板长方向不同位置处的抗

剪键都可以用 d 值来表示。同时，在 DHB-2 叠合板的基础上，设计了编号为 DHB-6 和 DHB-7 的两块叠合板，进行与 DHB-2 叠合板同条件下的有限元模拟。两块叠合板的尺寸、混凝土强度等级和钢筋强度等级均与 DHB-2 叠合板完全相同。其中，DHB-6 叠合板沿板长方向设置 6 列抗剪键，DHB-7 叠合板沿板长方向设置 10 列抗剪键。在研究两块叠合板内抗剪键的剪力分布规律时，仍然选取其四分之一区域内靠近板外侧的抗剪键进行分析。两块叠合板内的抗剪键编号分别如图 4-13 和图 4-14 所示，抗剪键的个数、间距等信息见表 4-3。

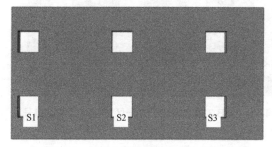

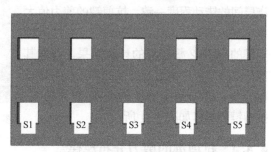

图 4-13　DHB-6 叠合板四分之一区域内的
抗剪键编号

图 4-14　DHB-7 叠合板四分之一区域内的
抗剪键编号

沿板长方向抗剪键个数不同的叠合板参数信息　　　　表 4-3

板编号	抗剪键编号	抗剪键个数		抗剪键间距（mm）		d（mm）
		行数	列数	行间距	列间距	
DHB-6	S1	4	6	300	450	80
	S2	4	6	300	450	530
	S3	4	6	300	450	980
DHB-7	S1	4	10	300	450	80
	S2	4	10	300	250	330
	S3	4	10	300	250	580
	S4	4	10	300	250	830
	S5	4	10	300	250	1080

图 4-15 是 DHB-6 叠合板四分之一区域内，编号为 S1、S2 和 S3 的抗剪键的荷载-剪力曲线。从图中可以看出，叠合板沿板长方向设置 6 列抗剪键后，各抗剪键的剪力分布规律与 DHB-2 叠合板基本相似。在加载初期，各抗剪键的剪力均随竖向荷载的增加而线性增加，荷载-剪力曲线呈直线变化。当荷载增加到一直程度时，S3 抗剪键的剪力最先达到最大值，然后突然下降，且下降速度很快。继续增加荷载，S2 抗剪键的剪力也达到最大值，并突然下降。随后，S1 抗剪键的剪力达到最大值。三块抗剪键达到剪力最大值时，S1 抗剪键最大，为 6.29kN；S2 抗剪键次之，为 2.83kN；S3 抗剪键最小，为 1.34kN。

图 4-16 是 DHB-7 叠合板四分之一区域内，编号为 S1、S2、S3、S4 和 S5 的抗剪键的荷载-剪力曲线。从图中可以看出，叠合板沿板长方向设置 10 列抗剪键后，各抗剪键的剪力分布规律也与 DHB-2 叠合板基本相似。在加载初期，各抗剪键的剪力均随竖向荷载的增加而线性增加，荷载-剪力曲线呈直线变化。当荷载增加到一直程度时，S5 抗剪键的剪力最先达到最大值，然后突然下降，且下降速度很快。继续增加荷载，S4 抗剪键的剪力

也达到最大值，并突然下降。随后，S3 抗剪键的剪力达到最大值，然后是 S2 抗剪键，最后是 S1 抗剪键。五块抗剪键达到剪力最大值时，S1 抗剪键最大，为 5.87kN；S2 抗剪键次之，为 3.66kN；再次是 S3 抗剪键，为 2.75kN；然后是 S4 抗剪键，为 1.54kN；最小的是 S5 抗剪键，为 1.01kN。

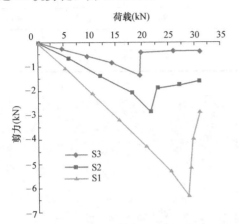

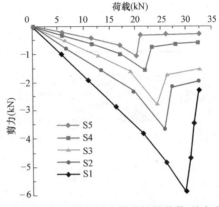

图 4-15　DHB-6 叠合板内抗剪键的荷载-剪力曲线　　图 4-16　DHB-7 叠合板内抗剪键的荷载-剪力曲线

　　与 DHB-2 叠合板相比，抗剪键沿板长方向位置改变后的 DHB-6 叠合板和 DHB-7 叠合板，各抗剪键的剪力分布规律基本一致，首先均随竖向荷载的增加而线性增加，然后突然下降，抗剪键的破坏顺序也是由弯矩较大的跨中区域逐渐发展到弯矩较小的支座区域。但对比各抗剪键的剪力最大值后发现，当抗剪键的中心点到支座边缘的距离 d 不同时，三块叠合板中各抗剪键的剪力最大值均不相同，且相差较大。由此可以判断，改变抗剪键沿板长方向的位置，即改变抗剪键的中心点到支座边缘的距离 d 后，抗剪键的剪力分布规律基本没有变化，但是会影响抗剪键的剪力最大值。

　　由以上分析可知，改变抗剪键沿板长方向的位置后，抗剪键的剪力最大值会发生变化。而抗剪键在叠合板中的位置由沿板长和沿板宽两个方向控制，那么改变抗剪键沿板宽方向的位置后，是否会对抗剪键的剪力最大值有所影响？为此，在 DHB-2 叠合板的基础上，又设计了编号为 DHB-8 和 DHB-9 的两块叠合板，进行与 DHB-2 叠合板同条件下的有限元模拟。两块叠合板的尺寸、混凝土强度等级和钢筋强度等级均与 DHB-2 叠合板完全相同。其中，DHB-8 叠合板沿板宽方向设置 2 行抗剪键，DHB-9 叠合板沿板宽方向设置 6 行抗剪键。在研究两块叠合板内抗剪键的剪力分布规律时，同样选取其四分之一区域内靠近板外侧的抗剪键进行分析。两块叠合板内的抗剪键编号分别如图 4-17 和图 4-18 所示，抗剪键的个数、间距等信息见表 4-4。

沿板宽方向抗剪键个数不同的叠合板参数信息　　　　　　表 4-4

板编号	抗剪键编号	抗剪键个数		抗剪键间距（mm）		d（mm）
		行数	列数	行间距	列间距	
DHB-8	S1	2	8	900	320	80
	S2	2	8	900	320	400
	S3	2	8	900	320	720
	S4	2	8	900	320	1040

续表

板编号	抗剪键编号	抗剪键个数		抗剪键间距(mm)		d(mm)
		行数	列数	行间距	列间距	
DHB-9	S1	6	8	180	320	80
	S2	6	8	180	320	400
	S3	6	8	180	320	720
	S4	6	8	180	320	1040

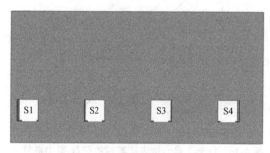

图 4-17　DHB-8 叠合板四分之一区域内的
抗剪键编号

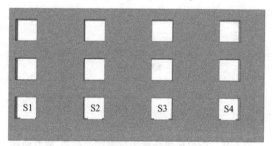

图 4-18　DHB-9 叠合板四分之一区域内的
抗剪键编号

图 4-19 和图 4-20 分别为 DHB-8 叠合板与 DHB-9 叠合板内抗剪键的荷载-剪力曲线。从图中可以看出,与 DHB-2 叠合板相比,改变抗剪键沿板宽方向的距离后,两块叠合板内抗剪键的剪力分布规律未发生变化,均首先随竖向荷载的增加而线性增加,然后突然下降。DHB-8 叠合板内四块抗剪键的剪力最大值分别为:S1 抗剪键 6.03kN,S2 抗剪键 3.24kN,S3 抗剪键 1.69kN,S4 抗剪键 1.15kN。DHB-9 叠合板内四块抗剪键的剪力最大值分别为:S1 抗剪键 5.94kN,S2 抗剪键 3.19kN,S3 抗剪键 1.66kN,S4 抗剪键 1.12kN。对比 DHB-2 叠合板内各抗剪键的剪力最大值,DHB-8 叠合板与 DHB-9 叠合板内抗剪键的剪力最大值几乎没有发生变化。由此可以判断,抗剪键沿板长方向的位置不变,即抗剪键的中心点到支座边缘的距离 d 是固定值时,改变抗剪键沿板宽方向的位置,对抗剪键的剪力分布规律和剪力最大值均无明显影响。

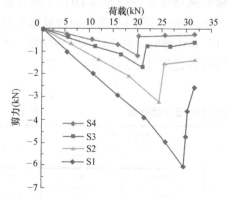

图 4-19　DHB-8 叠合板内抗剪键的荷载-剪力曲线

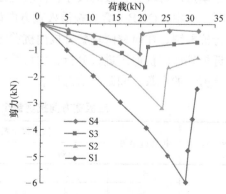

图 4-20　DHB-9 叠合板内抗剪键的荷载-剪力曲线

抗剪键沿板长方向的位置固定时,改变抗剪键沿板宽方向的位置,抗剪键的剪力最大值无明显变化。由此我们推测，抗剪键的中心点到支座边缘的距离 d 是影响抗剪键剪力最大值的主要因素。为了证明这一推测，在 DHB-2 叠合板的基础上，设计了编号为 DHB-10～DHB-15 的 6 块叠合板，进行与 DHB-2 叠合板同条件下的有限元模拟。其中，DHB-10 叠合板与 DHB-11 叠合板改变了抗剪键的混凝土强度等级，DHB-12 叠合板与 DHB-13 叠合板改变了现浇层的混凝土强度等级，DHB-14 叠合板与 DHB-15 叠合板改变了预制底板与现浇层间的接触面摩擦系数。6 块叠合板的尺寸和抗剪键编号与 DHB-2 叠合板完全相同，抗剪键个数、间距和改变的参数等信息见表 4-5。

DHB-10～DHB-15 叠合板的参数信息　　　　　表 4-5

板编号	抗剪键编号	抗剪键个数		抗剪键间距(mm)		混凝土强度等级		接触面摩擦系数	d(mm)
		行数	列数	行间距	列间距	抗剪键	现浇层		
DHB-10	S1	4	8	300	320	C20	C25	0.8	80
	S2	4	8	300	320	C20	C25	0.8	40
	S3	4	8	300	320	C20	C25	0.8	720
	S4	4	8	300	320	C20	C25	0.8	1040
DHB-11	S1	4	8	300	320	C40	C25	0.8	80
	S2	4	8	300	320	C40	C25	0.8	40
	S3	4	8	300	320	C40	C25	0.8	720
	S4	4	8	300	320	C40	C25	0.8	1040
DHB-12	S1	4	8	300	320	C30	C30	0.8	80
	S2	4	8	300	320	C30	C30	0.8	40
	S3	4	8	300	320	C30	C30	0.8	720
	S4	4	8	300	320	C30	C30	0.8	1040
DHB-13	S1	4	8	300	320	C30	C20	0.8	80
	S2	4	8	300	320	C30	C20	0.8	40
	S3	4	8	300	320	C30	C20	0.8	720
	S4	4	8	300	320	C30	C20	0.8	1040
DHB-14	S1	4	8	300	320	C30	C25	0.6	80
	S2	4	8	300	320	C30	C25	0.6	40
	S3	4	8	300	320	C30	C25	0.6	720
	S4	4	8	300	320	C30	C25	0.6	1040
DHB-15	S1	4	8	300	320	C30	C25	0.4	80
	S2	4	8	300	320	C30	C25	0.4	40
	S3	4	8	300	320	C30	C25	0.4	720
	S4	4	8	300	320	C30	C25	0.4	1040

在对 6 块叠合板进行有限元模拟并提取了抗剪键的剪力值后发现，改变抗剪键混凝土强度等级、现浇层混凝土强度等级和接触面摩擦系数后，叠合板的剪力分布规律未发生明显变化，与 DHB-2 叠合板基本一致。表 4-6 是 6 块叠合板的有限元模拟结果，V_i 代表每

块叠合板内不同编号的抗剪键对应的剪力最大值，V 代表 DHB-2 叠合板内各抗剪键对应的剪力最大值。从表中可以看出，改变参数后，6 块叠合板内抗剪键的剪力最大值 V_i 变化很小，与 V 的比值接近于 1，最大仅相差 4%，说明当抗剪键沿板长方向的位置固定时，改变抗剪键混凝土强度等级、现浇层混凝土强度等级和接触面摩擦系数，对叠合板的剪力分布规律和剪力最大值影响很小。

DHB-10～DHB-15 叠合板的剪力最大值　　　　　　　　　　　　表 4-6

板编号	抗剪键编号	V_i(kN)	V_i/V	板编号	抗剪键编号	V_i(kN)	V_i/V
DHB-10	S1	5.96	0.99	DHB-13	S1	6.03	0.97
	S2	3.19	0.98		S2	3.23	0.98
	S3	1.67	0.99		S3	1.72	0.96
	S4	1.11	0.97		S4	1.14	0.98
DHB-11	S1	6.02	0.97	DHB-14	S1	5.97	0.99
	S2	3.24	0.98		S2	3.19	0.98
	S3	1.69	0.99		S3	1.67	0.99
	S4	1.16	0.96		S4	1.12	0.98
DHB-12	S1	5.94	0.97	DHB-15	S1	5.96	0.99
	S2	3.18	0.97		S2	3.19	0.98
	S3	1.65	0.97		S3	1.66	0.98
	S4	1.08	0.96		S4	1.12	0.98

通过以上分析可知，抗剪键的中心点到支座边缘的距离 d 是影响抗剪键剪力值大小的最主要因素。对于两边简支的带抗剪键叠合板，跨中区域的抗剪键 d 值最大，也最容易发生破坏，因此在设计时应适当增加跨中区域抗剪键的数量，防止其过早破坏失效，从而保证叠合板在工作时的整体性。

4.5　带抗剪键叠合板力学性能的影响因素分析

4.5.1　不同参数的试件设计

由第 3 章的分析可知，叠合板内设置不同个数的抗剪键时，荷载-挠度曲线、刚度和承载力均存在较大差异。为了进一步分析影响带抗剪键叠合板力学性能的主要因素，设计了 19 块叠合板试件。其中，编号为 BZ 的叠合板是标准板，其余叠合板均在标准板的基础上改变某项参数。标准板的长度为 2800mm，宽度为 1220mm，预制底板与现浇层的厚度均为 50mm。抗剪键采用正方形，横截面积为 100mm×100mm，混凝土强度等级为 C30。预制底板与现浇层的混凝土强度等级均为 C25，接触面间采用摩擦接触。钢筋型号为 HRB335，直径为 8mm。所有叠合板均按一次受力构件计算。

表 4-7 是不同参数带抗剪键叠合板的具体信息。除标准板 BZ 外，其余叠合板的编号意义如下：H 代表抗剪键的行间距，H-180 表示抗剪键的行间距为 180mm；L 代表抗剪键的列间距，L-240 表示抗剪键的列间距为 240mm；As 代表抗剪键的横截面积，As-140

表示抗剪键的截面边长为140mm；Sk代表抗剪键的混凝土强度等级，Sk-C40表示抗剪键采用强度等级为C40的混凝土；Sx代表现浇层的混凝土强度等级，Sx-C35表示现浇层采用强度等级为的C35的混凝土；f代表叠合板预制底板与现浇层间的接触面摩擦系数，f-0.6代表接触面摩擦系数的取值为0.6。

不同参数带抗剪键叠合板的具体信息　　　　　　　　　　　　表4-7

板编号	抗剪键个数		抗剪键间距(mm)		抗剪键横截面积 (mm)	混凝土强度等级		接触面 摩擦系数
	行数	列数	行间距	列间距		抗剪键	现浇层	
BZ	4	8	300	380	100×100	C30	C25	0.8
H-180	6	8	180	380	100×100	C30	C25	0.8
H-225	5	8	225	380	100×100	C30	C25	0.8
H-450	3	8	450	380	100×100	C30	C25	0.8
L-240	4	12	300	240	100×100	C30	C25	0.8
L-295	4	10	300	295	100×100	C30	C25	0.8
L-530	4	6	300	530	100×100	C30	C25	0.8
L-660	4	5	300	660	100×100	C30	C25	0.8
As-140	4	8	300	380	140×140	C30	C25	0.8
As-120	4	8	300	380	120×120	C30	C25	0.8
As-80	4	8	300	380	80×80	C30	C25	0.8
As-60	4	8	300	380	60×60	C30	C25	0.8
Sk-C40	4	8	300	380	100×100	C40	C25	0.8
Sk-C20	4	8	300	380	100×100	C20	C25	0.8
Sx-C35	4	8	300	380	100×100	C30	C35	0.8
Sx-C20	4	8	300	380	100×100	C30	C20	0.8
f-0.6	4	8	300	380	100×100	C30	C25	0.6
f-0.4	4	8	300	380	100×100	C30	C25	0.4
f-0.2	4	8	300	380	100×100	C30	C25	0.2

4.5.2 抗剪键行间距的影响

图4-21是抗剪键行间距不同的叠合板的荷载-挠度曲线对比。叠合板H-180、H-225、BZ、H-450的屈服荷载分别为23.5kN、23.1kN、22.2kN和20.5kN，对应的屈服位移分别为12.3mm、12.7mm、13.7mm和17.4mm。由计算结果和图4-21可以看出：改变抗剪键的行间距对叠合板的荷载-挠度曲线存在一定影响。抗剪键的行间距越大，行数越少，叠合板的屈服荷载越小，屈服位移越大。随着抗剪键行间距的减小，叠合板的屈服荷载增加，屈服位移减小，且当抗剪键的行间距减小到一定程度后，这种变化趋势不再明显。如当抗剪键的行间距由450mm减小至300mm，即行数由3行增加至4行时，叠合板的屈服荷载增加8.3%，对应的屈服位移减小27%；而当抗剪键的行间距由225mm减小至180mm，即行数由5行增加至6行时，叠合板的屈服荷载仅增加1.7%，对应的屈服位移仅减小3.2%。出现这种现象的原因在于，抗剪键的行间距越小，行数越多，抗剪键的总个数就越多，抵抗叠合板预制底板与现浇层间相对错动的能力就越强。当抗剪键的行数增加到一定程度后，此时叠合板内的抗剪键已能完全抵抗这种相对错动，继续增加抗剪键

的行数，叠合板的整体力学性能基本不再发生变化。

由此说明，减小抗剪键的行间距，对叠合板的屈服荷载和屈服位移存在一定影响。但当叠合板的行间距减小到一定程度后，这种影响不再明显。

4.5.3 抗剪键列间距的影响

图4-22是抗剪键列间距不同的叠合板的荷载-挠度曲线对比。叠合板L-240、L-295、BZ、L-530、L-660的屈服荷载分别为24.7kN、24.2kN、23.1kN、21.5kN和19.3kN，对应的屈服位移分别为9.4mm、10.7mm、12.7mm、15.5mm和24.5mm。由计算结果和图4-22可以看出：改变抗剪键的列间距对叠合板的荷载-挠度曲线存在较大影响。抗剪键的列间距越大，列数越少，叠合板的屈服荷载越小，屈服位移越大。随着抗剪键列间距的减小，叠合板的屈服荷载增加，屈服位移减小，且当抗剪键的列间距减小到一定程度后，这种变化趋势不再明显。如当抗剪键的列间距由660mm减小至530mm，即列数由5列增加至6列时，叠合板的屈服荷载增加11.4%，对应的屈服位移减小58.3%；而当抗剪键的列间距由295mm减小至240mm，即列数由10列增加至12列时，叠合板的屈服荷载仅增加2.1%，对应的屈服位移仅减小7.2%。出现这种现象的原因与改变抗剪键行间距时的情况相同，但相比于行间距，抗剪键列间距的改变对叠合板的屈服荷载和屈服位移影响更加明显，这是因为改变抗剪键列间距相当于改变了叠合板在受弯方向上的抗剪键间距，而在这一方向上抗剪键间距的改变还会影响抗剪键所受的剪切力大小，剪切力的变化会直接影响抗剪键抵御预制底板与现浇层间相对错动的能力，从而使抗剪键发挥的作用更加明显。

由此说明，减小抗剪键的列间距，对叠合板的屈服荷载和屈服位移存在较大影响。但当叠合板的列间距减小到一定程度后，这种影响不再明显。

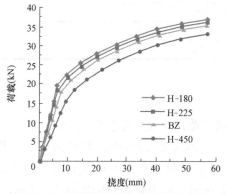

图4-21 抗剪键行间距不同的叠合板的
荷载-挠度曲线对比

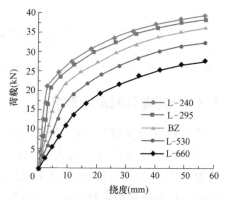

图4-22 抗剪键列间距不同的叠合板的
荷载-挠度曲线对比

4.5.4 抗剪键横截面积的影响

图4-23是抗剪键横截面积不同的叠合板的荷载-挠度曲线对比。叠合板As-140、As-120、BZ、As-80、As-60的屈服荷载分别为24kN、23.6kN、23.1kN、22.4kN和20.6kN，对应的屈服位移分别为10.4mm、11.7mm、12.7mm、14.8mm和18.7mm。由计算结果和图4-23可以看出：改变抗剪键的横截面积对叠合板的荷载-挠度曲线存在一定影响。抗剪键

的横截面积越小，叠合板的屈服荷载越小，屈服位移越大。随着抗剪键横截面积的增加，叠合板的屈服荷载增加，屈服位移减小，且当抗剪键的横截面积增加到一定程度后，这种变化趋势不再明显。如当抗剪键的横截面积由 60mm×60mm 增加至 80mm×80mm 时，叠合板的屈服荷载增加 8.7%，对应的屈服位移减小 26.3%；而当抗剪键的横截面积由 120mm×120mm 增加至 140mm×140mm 时，叠合板的屈服荷载仅增加 1.8%，对应的屈服位移仅减小 6.5%。出现这种现象的原因在于，增加抗剪键的横截面积等效于增加了抗剪键的总个数，从而表现出与改变抗剪键行间距和列间距时相近的变化趋势。

由此说明，增加抗剪键的横截面积，对叠合板的屈服荷载和屈服位移存在一定影响。但当叠合板的横截面积增加到一定程度后，这种影响不再明显。

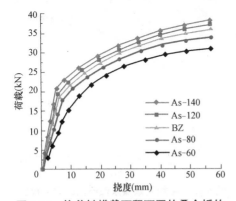

图 4-23 抗剪键横截面积不同的叠合板的
荷载-挠度曲线对比

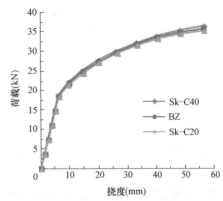

图 4-24 抗剪键混凝土强度等级不同的叠合板的
荷载-挠度曲线对比

4.5.5 抗剪键混凝土强度等级的影响

图 4-24 是抗剪键混凝土强度等级不同的叠合板的荷载-挠度曲线对比。叠合板 Sk-C40、BZ、Sk-C20 的屈服荷载分别为 23.2kN、23.1kN 和 22.9kN，对应的屈服位移分别为 12.6mm、12.7mm 和 12.8mm。由计算结果和图 4-24 可以看出：改变抗剪键的混凝土强度等级对叠合板的荷载-挠度曲线影响较小，当抗剪键的混凝土强度等级由 C20 增加至 C40 时，叠合板的屈服荷载增加 1.8%，对应的屈服位移减小 2.6%，相差较小，而 3 块叠合板间的承载力最大仅相差 3%。出现这种现象的原因在于，当叠合板内布置一定数量的抗剪键后，已能完全抵抗预制底板与现浇层间的相对错动，保证叠合板的整体性。提高或降低抗剪键的混凝土强度等级对叠合板的力学性能影响不明显。

由此说明，改变抗剪键的混凝土强度等级，对叠合板的屈服荷载和屈服位移影响很小。在实际应用中，抗剪键的混凝土强度等级与预制底板的混凝土强度等级相同即可满足使用需求。

4.5.6 现浇层混凝土强度等级的影响

图 4-25 是现浇层混凝土强度等级不同的叠合板的荷载-挠度曲线对比。叠合板 Sx-C35、BZ、Sx-C20 的屈服荷载分别为 23.4kN、23.1kN 和 22.7kN，对应的屈服位移分别为 12.4mm、12.7mm 和 13.1mm。由计算结果和图 4-25 可以看出：改变现浇层的混凝土

强度等级对叠合板的荷载-挠度曲线影响较小，当现浇层的混凝土强度等级由 C20 增加至 C35 时，叠合板的屈服荷载增加 3.1%，对应的屈服位移减小 4.2%，3 块叠合板间的承载力最大仅相差 4.8%。出现这种现象的原因在于，由于设计的叠合板试件预制底板和现浇层均较薄，只有 50mm，受压区高度较低，现浇层混凝土对叠合板在受弯时的贡献较小。提高或降低现浇层的混凝土强度等级对叠合板的力学性能影响不明显。

由此说明，改变现浇层的混凝土强度等级，对叠合板的屈服荷载和屈服位移影响较小。在实际应用中，对于厚度较小的叠合板，现浇层的混凝土强度等级不低于预制底板的混凝土强度等级即可满足使用需求。

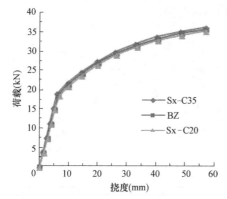

图 4-25　现浇层混凝土强度等级不同的叠合板的荷载-挠度曲线对比

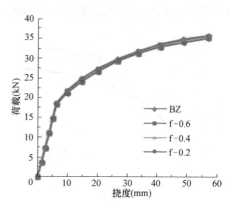

图 4-26　接触面摩擦系数不同的叠合板的荷载-挠度曲线对比

4.5.7　接触面摩擦系数的影响

图 4-26 是接触面摩擦系数不同的叠合板的荷载-挠度曲线对比。叠合板 BZ、f-0.6、f-0.4、f-0.2 的屈服荷载分别为 23.2kN、23.1kN、23.1kN 和 23kN，对应的屈服位移分别为 12.7mm、12.7mm、12.6mm 和 12.5mm。由计算结果和图 4-26 可以看出：改变预制底板与现浇层间的接触面摩擦系数对叠合板的荷载-挠度曲线几乎没有影响，当接触面摩擦系数由 0.2 增加至 0.8 时，叠合板的屈服荷载增加 0.8%，对应的屈服位移减小 1.5%，4 块叠合板间的承载力最大仅相差 1.2%。出现这种现象的原因在于，当叠合板内布置一定数量的抗剪键后，已能完全抵抗预制底板与现浇层间的相对错动，保证叠合板的整体性。改变接触面摩擦系数对叠合板的力学性能影响不明显。

由此说明，布置一定数量的抗剪键后，改变预制底板与现浇层间的接触面摩擦系数，对叠合板的屈服荷载和屈服位移影响很小。

4.6　带抗剪键叠合板抗弯承载力与屈服位移简化计算式的回归与验证

4.6.1　简化计算式的回归

有限元方法能够模拟各种实际工程场景，具有使用灵活、成本较低等优点。但当需要模拟的结构较为复杂时，模型的参数设置过于繁琐，对计算机的硬件要求也较高，普通的工作站通常无法满足计算需求。为此，以下将采用回归的方法，根据上文的有限元模拟结果，回归带抗剪键叠合板抗弯承载力和屈服位移的简化计算式。

通过对比不同参数带抗剪键叠合板的有限元模拟结果后发现，预制底板与现浇层的接触面间采用摩擦接触时，改变抗剪键行间距、抗剪键列间距和抗剪键横截面积对叠合板的屈服荷载与屈服位移影响较大。其中，抗剪键的行间距和列间距能够反映每块叠合板内抗剪键的行数和列数，而抗剪键的行数和列数与抗剪键的横截面积又可以统一用抗剪键的面积率来表示，这样就将三个不同的影响因素转化为同一变量，回归时更加容易。以此为基础，提出了带抗剪键叠合板抗弯承载力 M 与屈服位移 D 的简化计算式：

$$M_a = R_m \cdot M \tag{4-1}$$

$$D_a = R_d \cdot D \tag{4-2}$$

在公式（4-1）和公式（4-2）中，a 代表抗剪键的面积率，等于全部抗剪键的面积之和与叠合板有效面积的比值；R_m 和 R_d 分别代表叠合板抗弯承载力与屈服位移的回归系数，需要通过抗剪键的面积率 a 回归确定；M 和 D 分别代表相同尺寸条件下现浇板的抗弯承载力和屈服位移。当已知 M 和 D 时，通过公式（4-1）可计算得到不同抗剪键面积率下对应叠合板的抗弯承载力，通过公式（4-2）可计算得到不同抗剪键面积率下对应叠合板的屈服位移。

表 4-8 是回归 R_m 和 R_d 所需要的参数值。表中，M_a 代表不同抗剪键面积率下对应叠合板的抗弯承载力，可由叠合板的屈服荷载求得；D_a 代表不同抗剪键面积率下对应叠合板的屈服位移；R_m 代表叠合板抗弯承载力的回归系数，等于 M_a 与 M 的比值；R_a 代表叠合板屈服位移的回归系数，等于 D_a 与 D 的比值；a 代表叠合板内抗剪键的面积率。通过计算求得 M 与 D 分别为 8.77kN·m 和 9.2mm。

抗弯承载力与屈服位移的回归所用参数值　　　　　　　表 4-8

板编号	M_a(kN·m)	D_a(mm)	R_m	R_d	a
BZ	8.09	12.7	0.922	12.3	0.094
H-180	8.23	11.3	0.938	12.7	0.153
H-225	7.77	13.7	0.886	13.7	0.082
H-450	7.18	17.4	0.818	17.4	0.047
L-240	8.64	9.8	0.985	9.4	0.142
L-295	8.47	10.7	0.966	10.7	0.117
L-530	7.52	15.5	0.857	15.5	0.071
L-660	6.75	17.5	0.769	22.5	0.058
As-140	8.41	10.1	0.859	10.4	0.184
As-120	8.26	11.7	0.942	11.7	0.135
As-80	7.84	14.8	0.893	14.8	0.054
As-60	7.21	18.7	0.822	18.7	0.033

图 4-27 是 R_m 与 R_d 的回归曲线，对应的回归公式分别为：

$$R_m = -4.3a^2 + 1.7a + 0.8 \tag{4-3}$$

$$R_d=25.9a^2-11.1a+2.2 \tag{4-4}$$

由图 4-27 可以看出，当叠合板内抗剪键的面积率接近 20% 时，对应的 R_m 与 R_d 的值已接近于 1，回归曲线基本不再上升或下降，而是与坐标轴呈平行趋势，说明此时叠合板的屈服荷载与屈服位移已经与同尺寸条件下的现浇板相同，继续增加抗剪键，叠合板的抗弯承载力与屈服位移不再发生变化。因此，当叠合板内抗剪键的面积率超过 20% 时，抗弯承载力与屈服位移可按照同尺寸条件下的现浇板计算；当抗剪键的面积率在 20% 以内时，可通过简化计算式求得。

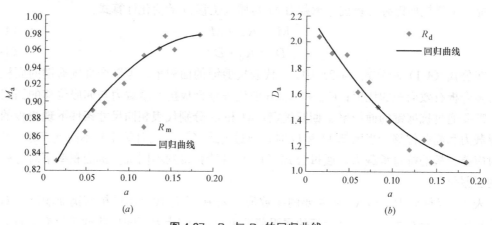

图 4-27　R_m 与 R_d 的回归曲线
(a) R_m 的回归曲线；(b) R_d 的回归曲线

4.6.2　简化计算式的验证

为了验证带抗剪键叠合板抗弯承载力与屈服位移简化计算式的准确性，设计了 10 块不同抗剪键面积率的叠合板，分别采用有限元模拟方法和简化计算式计算叠合板在竖向荷载作用下的抗弯承载力与屈服位移，并进行对比。所有叠合板的跨度均在 3.2m 以内，按一次受力构件计算，除抗剪键面积率外其余参数均与上节中设计的标准板 BZ 相同。表 4-9 是由两种方法计算得到的结果对比，其中 M_t 和 M_s 分别代表有限元模拟与简化计算式计算得到的抗弯承载力，E_m 代表二者间的差值，D_t 和 D_s 分别代表有限元模拟与简化计算式计算得到的屈服位移，E_d 代表二者间的差值。从表中可以看出，不同面积率的带抗剪键叠合板，采用简化计算式与采用有限元模拟的计算结果最大相差不足 9%，验证了简化计算式的准确性。

有限元模拟与简化计算式的计算结果对比　　　　　　　表 4-9

跨度 (m)	抗剪键间距(mm)		抗剪键横截面积(mm)	抗剪键面积率	M_t (kN·m)	M_s (mm)	E_m	D_t (kN·m)	D_s (mm)	E_d
	行间距	列间距								
2.3	900	430	70×70	0.021	7.56	7.31	3.4%	18.9	18.1	4.5%
2.4	450	450	70×70	0.033	6.94	7.47	7.1%	18.5	17.2	7.7%
2.5	300	750	90×90	0.045	7.86	7.61	3.3%	17.4	16.1	8.2%
2.6	300	625	90×90	0.053	8.08	7.72	4.7%	14.9	15.4	2.9%

续表

跨度(m)	抗剪键间距(mm)		抗剪键横截面积(mm)	抗剪键面积率	M_t(kN·m)	M_s(mm)	E_m	D_t(kN·m)	D_s(mm)	E_d
	行间距	列间距								
2.7	450	720	110×110	0.085	7.67	8.01	4.9%	12.6	13.3	5.2%
2.8	225	350	110×110	0.124	7.78	8.28	6.2%	11.6	10.9	6.6%
2.9	300	390	130×130	0.152	9.12	8.41	8.5%	11.1	10.2	8.4%
3.0	225	400	130×130	0.176	8.65	8.47	2.1%	9.2	9.7	4.7%
3.1	450	330	150×150	0.181	8.19	8.52	3.9%	8.9	9.5	5.6%
3.2	450	300	150×150	0.195	9.41	8.64	8.8%	10.2	9.4	7.8%

4.6.3 简化计算式的使用方法

在设计带抗剪键的叠合板时，可先根据实际需求确定叠合板的尺寸，并按照现浇板的计算理论，计算配筋用量，同时得到现浇板的抗弯承载力 M 和屈服位移 D。然后，根据带抗剪键叠合板设计所需的抗弯承载力 M_a 和屈服位移 D_a，计算回归系数 R_m 和 R_d。最后，根据 R_m 和 R_d 来确定抗剪键的布置情况，如可先假设抗剪键的行间距与抗剪键的横截面积，进而确定抗剪键的列间距。在布置抗剪键时，由于跨中区域弯矩较大，应适当增加抗剪键的数量，但考虑到地震荷载作用下，楼板在支座区域的弯矩最大，因此，抗剪键应均匀布置。

第5章 带抗剪键叠合板双向板的力学性能及设计方法

5.1 引 言

在实际工程中,除沿一个方向受力的单向板外,还存在沿不同方向受力的双向板。为此,采用与第4章相同的方法,探讨了竖向荷载作用下设置抗剪键的必要性。分析了四边简支带抗剪键双向叠合板的受力过程,并通过改变不同参数模拟了四边简支带抗剪键双向叠合板的受力过程,分析了影响双向叠合板力学性能的主要因素。

5.2 试验研究

5.2.1 试件设计与制作

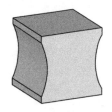

图5-1 抗剪键的三维模型

试验设计了2块完全相同的双向叠合板试件,抗剪键的形状如图5-1所示,设置内凹弧的目的是为了防止预制底板和现浇层在垂直于板面的方向发生脱离。预制底板和现浇层混凝土强度均为C25,厚度均为50mm。抗剪键混凝土的强度设计为C30,高于预制底板和现浇层混凝土强度的目的是防止其先破坏。双向叠合板试件的尺寸为:长1960mm,宽1220mm,厚100mm。抗剪键的行间距为300mm,列间距为450mm。板底受力筋、分布筋和板顶构造筋均为 HRB335ϕ8@200mm。

带抗剪键双向叠合板主要制作过程如下:首先通过切割长条形混凝土柱制作抗剪键;然后将钢筋和抗剪键放置在相应位置,浇筑预制底板混凝土,形成带抗剪键的预制底板,如图5-2 (a) 所示;最后浇筑现浇层混凝土,完成带抗剪键双向叠合板的制作,如图5-2 (b) 所示。预制底板、抗剪键和现浇层的立方体抗压强度分别为 21.4MPa、26.7MPa 和 26.8MPa。HRB335 钢筋的屈服强度为350MPa,极限强度为460MPa。

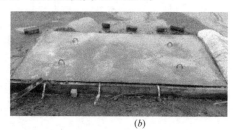

(a)   (b)

图5-2 带抗剪键双向叠合板的制作过程

(a) 带抗剪键的预制底板;(b) 浇筑完成的混凝土叠合板

5.2.2 试验装置及加载方案设计

双向板的静载试验目前多采用沙袋或配重块等堆载方法，虽然可较好地模拟均布荷载，但由于加载靠人工堆沙袋或配重块等，试验速度慢，人工耗费大，当所需荷载较大时，沙袋或配重块等堆积高度大，同时，当试件发生破坏后，卸载速度慢，易发生危险。为解决上述问题，并保证试验加载方案的有效性，课题组提出了一种通过气囊施加楼板均布荷载的试验装置，如图 5-3 所示。试验时将楼板置于钢架上，将气囊置于楼板上，气囊上放置加载钢梁，钢梁上接千斤顶，荷载通过千斤顶施加，最终传递到楼板。该装置利用气囊向各个方向传递压强相同

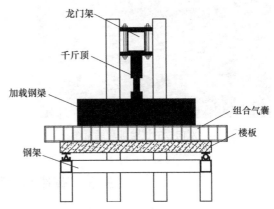

图 5-3 通过气囊施加楼板均布荷载的试验装置

的原理，理论上可很好地模拟楼板受均布荷载的情况。

由于实际条件的限制，未能完成气囊的加工制作，为此课题组又设计了沙袋堆载与千斤顶加载组合的加载方案，如图 5-4 所示，千斤顶施加的集中荷载通过沙袋扩散到楼板。试验中，双向叠合板相对的两端分别设置滚动铰支座和不动铰支座。支座处设置钢垫板，防止加载过程中可能因应力集中导致支座处混凝土压碎。在板长、板宽四分点及中点位置共布置 9 个位移计测定挠度曲线。板的下表面跨中位置粘贴混凝土应变片，监测混凝土开裂。试验时，先在板面上堆积沙袋，一共 7 层，每层 8 袋，每个沙袋重 25kg，然后在沙袋上放置钢垫板，最后将千斤顶作用在钢垫板上施加荷载。

5.2.3 试验结果分析

试验中，有一块板在千斤顶加载时出现了故障，因此以另一块板的试验结果进行说明。在加载初期，板的变形略有增加，但变化不明显。当荷载增加到 47.1kN/m^2 并持续一段时间后，板底开始出现第一道裂缝，裂缝宽度较细并与板宽方向大致平行。随着荷载增加，裂缝数量和宽度也相应增加，裂缝先由板跨中向板长、板宽方向发展，再沿板长、板宽 45° 方向发展，预制底板最终的破坏情况如图 5-5 所示，其破坏形态符合双向板在竖向均布荷载作用下的破坏特征，说明本试验采用沙袋堆载与千斤顶加载组合施加均布荷载的加载方案具有合理性。当荷载继续增加至 125.3kN/m^2 时，板跨中裂缝宽度超过 1.5mm，表明板已经破坏。

在双向叠合板制作过程中，预制底板和抗剪键之间存在混凝土二次浇筑现象，二者间的连接程度是本试验重点观察的内容之一。从图 5-5 可以看出，抗剪键与预制底板之间未出现脱开裂缝，由此说明，二者连接牢固，抗剪键与预制底板整体性很好。预制底板与现浇层之间同样存在混凝土二次浇筑现象，为观察二者结合面间是否存在相对错动，试验时在沿板长和板宽方向的中间位置布置了 2 个水平位移计，位移计的指针分别指于预制底板和现浇层的交界位置处，用于测量二者的相对位移。测量得到的相对位移几乎为零，由此说明，带抗剪键双向叠合板的预制底板和现浇层整体性也较好。

图 5-4　双向板的试验加载装置图

图 5-5　预制底板最终的破坏情况

5.3　有限元模拟与分析

5.3.1　有限元参数选取及模拟方法验证

　　带抗剪键双向叠合板的受力过程采用有限元软件 ABAQUS 模拟。模拟时混凝土采用塑性损伤模型，本构关系根据《混凝土结构设计规范》GB 50010—2010（2015 年版）计算；钢筋采用双折线模型；预制底板、抗剪键和抗剪键中的混凝土均采用 C3D8R 单元；钢筋均采用 T3D2 单元，并通过嵌入区域约束（Embedded region）的方式耦合在混凝土内部；模型的边界条件、加载方式及网格划分如图 5-6 所示；采用全牛顿（Full Newton）迭代法求解。现浇层与预制底板间主要以摩擦力、胶结力和咬合力连接，当三者较大时，在有限元模拟中，现浇层与预制底板间采用绑定接触与实际更接近，但由于胶结力和咬合力不易模拟，同时采用绑定接触模拟结果也偏于不安全。为此，在有限元模拟时，假定现浇层与预制底板间仅存在摩擦力。同时，也计算了结合面采用绑定（Tie）接触时的模拟结果。

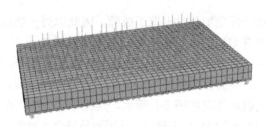

图 5-6　模型的边界条件、加载方式及网格划分

　　为了验证有限元模拟的有效性，将板的荷载-位移曲线、钢筋的荷载-应变曲线模拟与试验结果进行了对比，如图 5-7 所示。从图中可以看出，板间采用不同接触方式时，模拟曲线与试验曲线的变化趋势总体吻合较好。由于在试验中双向叠合板的预制底板和现浇层间连接较好，未发生可见的相对错动，所以采用绑定接触模拟与试验的实际情况更接近，模拟结果与试验结果最大相差 1.5%；而采用摩擦接触时，结果相差略大，最大相差 8%。在计算不同类型叠合板在竖向荷载作用下的力学性能时，有关文献的有限元模型也采用了绑定接触作为预制底板和现浇层间的接触方式，结果与试验吻合较好。

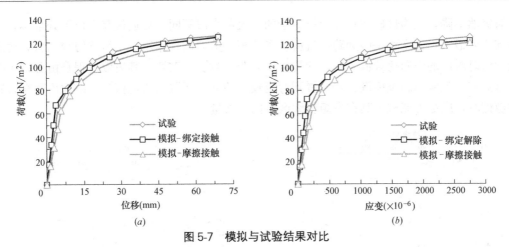

(a) *(b)*

图 5-7 模拟与试验结果对比

（*a*）模拟与试验板跨中荷载-位移曲线对比；（*b*）模拟与试验钢筋荷载-应变曲线对比

5.3.2 双向叠合板内抗剪键的剪力分布规律

四边简支双向叠合板在竖向均布荷载作用下，不同位置处的抗剪键沿 X 方向和 Y 方向的剪力值不同。为研究抗剪键的剪力分布规律，设计了抗剪键行间距为 180mm、列间距为 360mm，其余参数与试验相同的双向叠合板，模拟了其受力过程。

在分析模拟结果时，将抗剪键的网格划分为 8 个基本单元，图 5-8 是位于底部 1 个单元内的剪应力方向。其中，X、Y、Z 分别表示双向叠合板的长度、宽度和厚度方向，S_{13} 是 YZ 平面内沿 Z 方向的剪应力；S_{23} 是 XZ 平面内沿 Z 方向的剪应力。由垂直平面上剪应力的互等定理可知 $S_{31}=S_{13}$、$S_{32}=S_{23}$，将剪应力 S_{13} 和 S_{23} 乘以对应的单元截面积可得到抗剪键在结合面处沿 X 方向和 Y 方向的总剪力。以沿 X 方向和 Y 方向的总剪力与施加于板上的竖向均布荷载为坐标，可绘制荷载与 X 方向或 Y 方向总剪力间的关系曲线。因在竖向均布荷载的作用下，四边简支双向叠合板内沿 X 方向和 Y 方向的抗剪键分布对称，剪力分布规律相同，所以仅选取双向叠合板四分之一区域内的抗剪键分析抗剪键剪力分布规律。抗剪键的编号如图 5-9 所示。

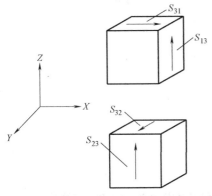

图 5-8 抗剪键 1 个单元内的剪应力方向

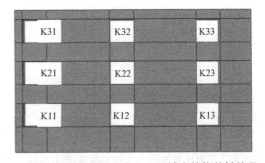

图 5-9 双向叠合板四分之一区域内的抗剪键编号

图 5-10 是抗剪键 K11～K13、K21～K23 和 K31～K33 沿 X 方向的荷载-剪力曲线。从图中可以看出：三组抗剪键的剪力均随竖向荷载的增加而线性增加，当增加至某一最大

值时突然下降，呈脆性破坏；三组抗剪键的最大剪力值不同，靠近板跨中位置处最小，靠近支座处最大，这主要是因为跨中抗剪键受弯矩和剪力耦合作用；三组抗剪键的剪力达到最大值时对应的竖向荷载值不同，即抗剪键并非同时发生破坏，其失效过程是由分布于跨中弯矩较大区域内的抗剪键逐步发展到弯矩较小的支座区域内的抗剪键，由此说明在布置抗剪键时，应尽可能减少其在弯矩较大区域内的数量。

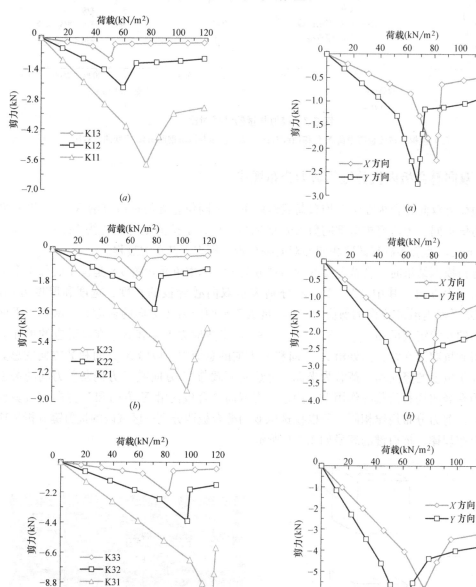

图 5-10　三组抗剪键沿 X 方向的荷载-剪力曲线
（a）抗剪键 K11～K13 沿 X 方向的荷载-剪力曲线；
（b）抗剪键 K21～K23 沿 X 方向的荷载-剪力曲线；
（c）抗剪键 K31～K33 沿 X 方向的荷载-剪力曲线

图 5-11　不同抗剪键沿 X、Y 方向的荷载-剪力曲线对比
（a）抗剪键 K11 沿 X、Y 方向的荷载-剪力曲线对比；
（b）抗剪键 K22 沿 X、Y 方向的荷载-剪力曲线对比；
（c）抗剪键 K33 沿 X、Y 方向的荷载-剪力曲线对比

双向叠合板在 Y 方向分布的三组抗剪键 K11～K31、K12～K32 和 K13～K33，沿 Y 方向的剪力分布规律与沿 X 方向的剪力分布规律类似。为分析同一位置处的抗剪键沿 X、Y 方向的剪力分布规律，对比了抗剪键 K11、K22 和 K33 沿 X 方向与 Y 方向的荷载-剪力曲线，如图 5-11 所示。从图中可以看出：三块抗剪键在 Y 方向的最大剪力均大于在 X 方向的最大剪力，且 Y 方向的剪力先达到最大值，这是因为在竖向均布荷载的作用下，双向叠合板在短跨 X 方向所受弯矩大于在长跨 Y 方向所受弯矩，抗剪键在 Y 方向上受到弯矩影响更大。由此说明，在设计带抗剪双向叠合板时，抗剪键宜为长方体，长方体的长度方向宜与短跨方向平行，以充分发挥抗剪键的作用。

5.4 带抗剪键双向叠合板的受力过程分析

在 5.3 节已建立模型的基础上，设计了带 4 行 5 列抗剪键的双向叠合板的有限元模型，编号为 DB1。模型的材料参数与单向板相同，双向叠合板的尺寸等参数见表 5-1。加载方式采用均布加载，有限元模型如图 5-12 所示。

				双向叠合板的尺寸参数	表 5-1
编号	板长(mm)	板宽(mm)	板厚(mm)	抗剪键行间距(mm)	抗剪键列间距(mm)
DB1	1960	1220	100	300	450

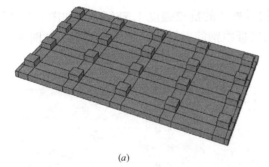
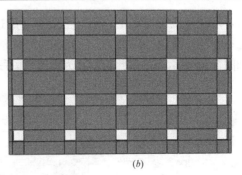

(a) (b)

图 5-12　四边简支带抗剪键双向叠合板的模型

（a）带抗剪键的预制底板模型；（b）现浇层模型

图 5-13 是双向叠合板 DB1 在竖向均布荷载作用下的荷载-挠度曲线。从开始加载到图中 B 点（80kN）这一段基本是一条直线，这是由于加载初期叠合板受力较小、挠度较小，处于弹性阶段，随荷载呈线性变化。在均布荷载达到 A 点（50kN）时，预制底板底部混凝土的第一主应力开始达到混凝土的抗拉强度 1.78MPa，如图 5-14 所示。可将此阶段称为线弹性阶段。

从 B 点（80kN）到 C 点（130kN）为第二阶段，这一阶段表现出一定的非线性性质，斜率较之前有所变小。在均布荷载达到 B 点

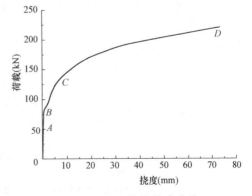

图 5-13　DB1 荷载-挠度曲线

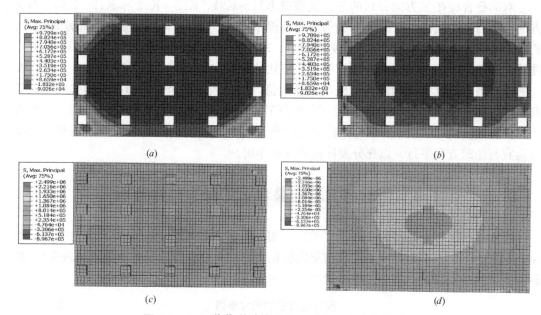

图 5-14　DB1 荷载-挠度曲线上 A 点第一主应力云图

（a）现浇层顶面第一主应力云图；（b）现浇层底面第一主应力云图；

（c）预制底板顶面第一主应力云图；（d）预制底板底面第一主应力云图

时，现浇层底部混凝土的第一主应力开始达到混凝土的抗拉强度 1.78MPa，如图 5-15 所示；在均布荷载达到 C 点（130kN）时，预制底板中钢筋网开始达到屈服强度，如图 5-16 和图 5-17 所示。可将此阶段称为弹塑性阶段。

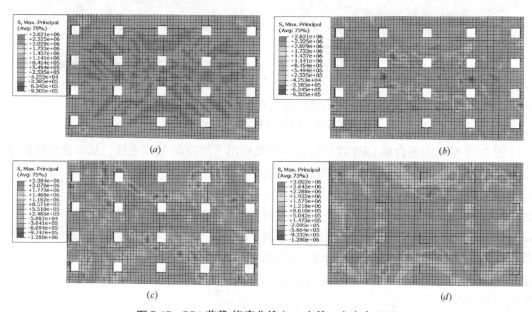

图 5-15　DB1 荷载-挠度曲线上 B 点第一主应力云图

（a）现浇层顶面第一主应力云图；（b）现浇层底面第一主应力云图；

（c）预制底板顶面第一主应力云图；（d）预制底板底面第一主应力云图

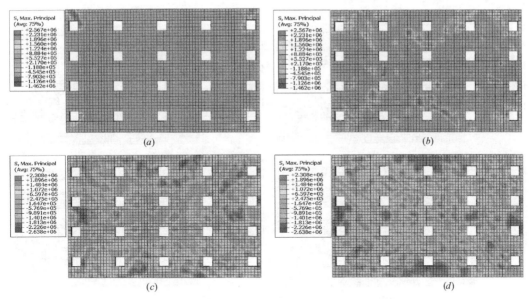

图 5-16 DB1 荷载-挠度曲线上 C 点第一主应力云图

（a）现浇层顶面第一主应力云图；（b）现浇层底面第一主应力云图；
（c）预制底板顶面第一主应力云图；（d）预制底板底面第一主应力云图

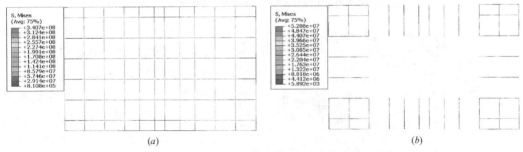

图 5-17 DB1 荷载-挠度曲线上 C 点钢筋网应力云图

（a）预制底板钢筋网应力云图；（b）现浇层钢筋网应力云图

从 C 点（130kN）到 D 点（220kN）为第三阶段，这一阶段表现出较大的非线性性质，荷载随位移的增长速率减慢。在均布荷载达到 D 点（220kN）时，预制底板中钢筋网大部分达到屈服强度，如图 5-18 和图 5-19 所示，板中心挠度值已经很大。可将此阶段称为屈服阶段。

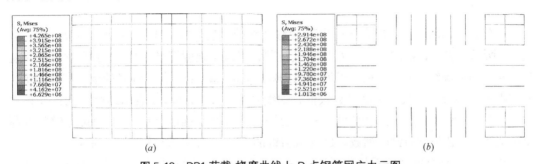

图 5-18 DB1 荷载-挠度曲线上 D 点钢筋网应力云图

（a）预制底板钢筋网应力云图；（b）现浇层钢筋网应力云图

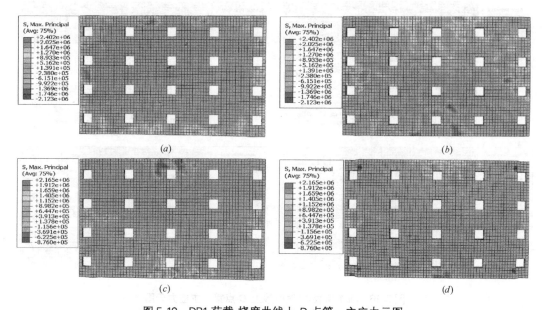

图 5-19　DB1 荷载-挠度曲线上 D 点第一主应力云图

（a）现浇层顶面第一主应力云图；（b）现浇层底面第一主应力云图；
（c）预制底板顶面第一主应力云图；（d）预制底板底面第一主应力云图

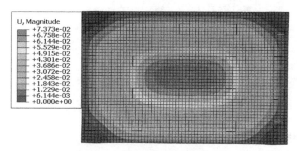

图 5-20　双向叠合板的变形图

D 点 （220kN） 之后为第四阶段，这一阶段荷载-挠度曲线开始趋于水平。预制底板、抗剪键混凝土均已达到破坏，其主要承载力的是现浇层，此时预示着叠合板已接近失效。此时叠合板的变形图如图 5-20 所示。可将此阶段称为失效阶段。

从以上分析可以看出：四边简支带抗剪键双向叠合板的受力过程，由于抗剪键的存在，与现浇板的受力过程基本相似，包括线性和非线性阶段。

5.5　带抗剪键双向叠合板的力学性能影响因素分析

为分析不同因素对双向叠合板荷载-位移曲线的影响，共设计了 19 块双向叠合板，如表 5-2 所示。表中，标准板编号为 DJ，其抗剪键混凝土强度等级为 C30，预制底板和现浇层混凝土强度等级为 C25；板内配筋为 HRB335ϕ8@200mm。其余编号的板，字母表示与标准板不同的参数，数字为该参数数值，如编号为 f-0.6 的板，f 表示结合面间的摩擦系数，0.6 为摩擦系数值。其余符号，Si 为现浇层的混凝土强度等级，Sk 为抗剪键的混凝土强度等级，Z 为抗剪键的列数，H 为抗剪键的行数，Pk 为抗剪键的横截面积。

图 5-21 为结合面摩擦系数分别为 0、0.4、0.6 和 0.8 时双向叠合板的荷载-位移曲线，对应的屈服荷载分别为 77.1kN/m²、77.3kN/m²、77.7kN/m² 和 78.2kN/m²，屈服位

移分别为 16.6mm、16.5mm、16.3mm 和 16.1mm。从图中可以看出：由于抗剪键的存在，结合面摩擦系数不同的双向叠合板荷载-位移曲线几乎重合，改变结合面摩擦系数对双向叠合板的屈服荷载和屈服位移影响很小，当结合面摩擦系数由 0 增加到 0.8 时，双向叠合板的屈服荷载仅上升了 1.4%，对应的屈服位移仅下降了 3%。由此说明，布置一定数量抗剪键的双向叠合板，改变结合面摩擦系数对其力学性能几乎无影响。

设计的双向叠合板一览表 表 5-2

试件编号	抗剪键列数	抗剪键行数	抗剪键列间距（mm）	抗剪键行间距（mm）	抗剪键横截面积（mm）	现浇层混凝土强度等级	抗剪键混凝土强度等级	结合面摩擦系数
DJ	5	4	450	300	100×100	C25	C30	0.8
f-0	5	4	450	300	100×100	C25	C30	0
f-0.4	5	4	450	300	100×100	C25	C30	0.4
f-0.6	5	4	450	300	100×100	C25	C30	0.6
Si-C20	5	4	450	300	100×100	C20	C30	0.8
Si-C35	5	4	450	300	100×100	C35	C30	0.8
Sk-C20	5	4	450	300	100×100	C25	C20	0.8
Sk-C40	5	4	450	300	100×100	C25	C40	0.8
Z-3	3	4	900	300	100×100	C25	C30	0.8
Z-4	4	4	600	300	100×100	C25	C30	0.8
Z-6	6	4	360	300	100×100	C25	C30	0.8
Z-8	8	4	257	300	100×100	C25	C30	0.8
H-2	5	2	450	900	100×100	C25	C30	0.8
H-3	5	3	450	450	100×100	C25	C30	0.8
H-6	5	6	450	180	100×100	C25	C30	0.8
Pk-40	5	4	450	300	40×40	C25	C30	0.8
Pk-80	5	4	450	300	80×80	C25	C30	0.8
Pk-120	5	4	445	293	120×120	C25	C30	0.8
Pk-150	5	4	437	283	150×150	C25	C30	0.8

图 5-22 为现浇层混凝土强度等级分别为 C20、C25 和 C35 时双向叠合板的荷载-位移曲线，对应的屈服荷载分别为 77.4kN/m²、78.2kN/m² 和 79.2kN/m²，屈服位移分别为 15.9mm、16.1mm 和 16.4mm。从图中可以看出：现浇层混凝土强度等级不同的双向叠合板荷载-位移曲线几乎重合，改变现浇层混凝土强度等级对双向叠合板的屈服荷载和屈服位移影响很小，当现浇层混凝土强度等级由 C20 增加到 C35 时，双向叠合板的屈服荷载仅上升了 2.3%，对应的屈服位移仅下降了 3.2%。由此说明，现浇层混凝土强度等级对双向叠合板的力学性能几乎无影响。因此，在设计过程中，可仅要求其现浇层混凝土强度等级不低于预制底板混凝土强度等级。

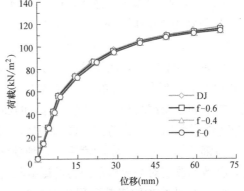

图 5-21 结合面摩擦系数不同时双向叠合板的荷载-位移曲线对比

　　图 5-23 为抗剪键混凝土强度等级分别为 C20、C30 和 C40 时双向叠合板的荷载-位移曲线，对应的屈服荷载分别为 77.8kN/m²、78.2kN/m² 和 78.8kN/m²，屈服位移分别为 16.3mm、16.1mm 和 15.9mm。从图中可以看出：抗剪键混凝土强度等级不同的双向叠合板荷载-位移曲线几乎重合，改变抗剪键混凝土强度等级对双向叠合板的屈服荷载和屈服位移影响很小，当抗剪键混凝土强度等级由 C20 增加到 C40 时，双向叠合板的屈服荷载仅上升了 1.3%，对应的屈服位移仅下降了 2.5%。由此说明，抗剪键混凝土强度等级对双向叠合板的力学性能几乎无影响。因此，在设计过程中，可仅要求抗剪键混凝土强度等级不低于叠合板混凝土强度等级。

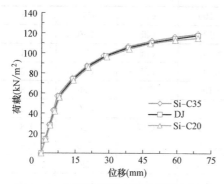

图 5-22　现浇层混凝土强度等级不同时双向叠合板的荷载-位移曲线对比

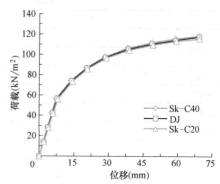

图 5-23　抗剪键混凝土强度等级不同时双向叠合板的荷载-位移曲线对比

　　图 5-24 为抗剪键列数分别为 3、4、5、6 和 8 时双向叠合板的荷载-位移曲线，对应的屈服荷载分别为 70.3kN/m²、74.6kN/m²、78.2 kN/m²、80.6kN/m² 和 81.6kN/m²，屈服位移分别为 23.4mm、19.3mm、16.1mm、13.9mm 和 12.4mm。从图中可以看出：抗剪键列数增加，双向叠合板的屈服荷载增大，屈服位移减小，当抗剪键列数由 3 增加至 8 时，双向叠合板的屈服荷载增加了 16.1%，对应的屈服位移减小了 47%，当抗剪键列数由 6 增加至 8 时，双向叠合板的屈服荷载增加了 1.2%，对应的屈服位移减小了 10.8%。由此说明，仅考虑结合面间摩擦接触时，随抗剪键列数的增加，双向叠合板的屈服荷载增加，屈服位移减小，但当抗剪键列数增加至一定程度后，这种变化趋势不再明显。

　　图 5-25 为抗剪键行数分别为 2、3、4 和 6 时双向叠合板的荷载-位移曲线，对应的屈服荷载分别为 72.3kN/m²、75.6kN/m²、78.2kN/m² 和 79.4kN/m²，屈服位移分别为 22.3mm、18.1mm、16.1mm 和 14.9mm。从图中可以看出：抗剪键行数增加，双向叠合板的屈服荷载增大，屈服位移减小，当抗剪键行数由 2 增加至 6 时，双向叠合板的屈服荷载增加了 9.8%，对应的屈服位移减小了 33.2%，当抗剪键行数由 4 增加至 6 时，双向叠合板的屈服荷载增加了 1.5%，对应的屈服位移减小了 7.5%。由此说明，仅考虑结合面间摩擦接触时，随抗剪键行数的增加，双向叠合板的屈服荷载增加，屈服位移减小，但当抗剪键行数增加至一定程度后，这种变化趋势不再明显。同时，与抗剪键列数的变化相比，行数的改变对叠合板承载力的影响相对较小。

　　图 5-26 为抗剪键横截面积分别为 40mm×40mm、80mm×80mm、100mm×100mm、120mm×120mm 和 150mm×150mm 时双向叠合板的荷载-位移曲线，对应的屈服荷载分

别 为 70.5kN/m^2、75.3kN/m^2、78.2kN/m^2、79.5kN/m^2 和 80.9kN/m^2，屈服位移分别为 23.1mm、18.7mm、16.1mm、15.2mm 和 12.9mm。从图中可以看出：抗剪键横截面积增加，双向叠合板的屈服荷载增大，屈服位移减小，当抗剪键横截面积由 40mm×40mm 增加至 150mm×150mm 时，双向叠合板的屈服荷载增加了 14.8%，对应的屈服位移减小了 44%；但当抗剪键横截面积超出一定值时，这种变化趋势不再明显，如抗剪键横截面积由 120mm×120mm 增加至 150mm×150mm 时，双向叠合板的屈服

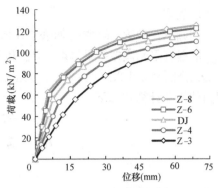

图 5-24 抗剪键列数不同时双向叠合板的荷载-位移曲线对比

荷载仅增加了 1.8%，对应的屈服位移仅减小了 1.5%。由此说明，仅考虑结合面间摩擦接触时，随抗剪键横截面积增加，双向叠合板的屈服荷载增加，屈服位移减小，但当抗剪键横截面积增加到一定程度后，这种变化趋势不再明显。

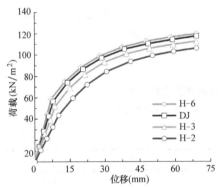

图 5-25 抗剪键行数不同时双向叠合板的荷载-挠度曲线对比

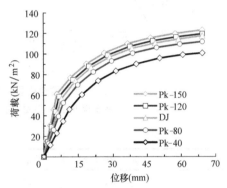

图 5-26 抗剪键横截面积不同时双向叠合板的荷载-位移曲线对比

5.6 带抗剪键双向叠合板屈服弯矩及屈服位移简化计算式

有限元模拟的方法过于繁琐，在实际工程中应用不便。为此，以下将建立带抗剪键双向叠合板的屈服弯矩和屈服位移简化计算式。上述研究表明，抗剪键列数、行数和横截面积是影响双向叠合板力学性能的主要因素，为便于回归，采用抗剪键面积率 a 统一考虑上述 3 个因素，其值为抗剪键横截面积与抗剪键行、列间距乘积的比值。建立的双向叠合板绕 x 轴、y 轴的屈服弯矩（M_{dx}，M_{dy}）和屈服位移（D_{dy}）简化计算式如下：

$$M_{dx} = R_m(a) \cdot M_x \tag{5-1}$$

$$M_{dy} = R_m(a) \cdot M_y = R_m(a) \cdot (\mu M_x) \tag{5-2}$$

$$D_{dy} = R_d(a) \cdot D_y \tag{5-3}$$

式中：$R_m(a)$ 和 $R_d(a)$ 分别为双向叠合板屈服弯矩和屈服位移的修正系数，为抗剪键面积率的函数，依据回归确定；M_x、M_y 和 D_y 分别为现浇板绕 x 轴、y 轴的屈服弯矩和屈服位移；μ 为竖向均布荷载作用下双向叠合板的弯矩系数，可依据常用的静力计

算手册确定。

回归 R_m 和 R_d 的数据如表 5-3 所示。其中，试件为表 5-2 中的部分试件，M_{dx} 和 D_{dx} 依据有限元模拟结果提取，R_m 和 R_d 为 M_{dx} 和 D_{dx} 与现浇板 M_x 和 D_x 的比值，M_x 和 D_x 分别为 3.18kN·m 和 11.58mm。图 5-27 是 R_m 和 R_d 的回归曲线及回归数据点，回归的简化计算式如下

$$R_m = -7.49a^2 + 2.46a + 0.78 \tag{5-4}$$

$$R_d = 35.64a^2 - 13.17a + 2.29 \tag{5-5}$$

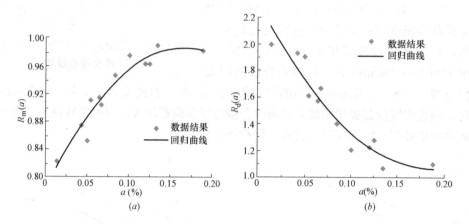

图 5-27　双向叠合板屈服弯矩和屈服位移的修正系数拟合曲线
（a）屈服弯矩的修正系数拟合曲线；（b）屈服位移的修正系数拟合曲线

回归数据

表 5-3

试件编号	M_{dx}(kN·m)	D_{dx}(mm)	R_m	R_d	a
DJ	2.97	16.11	0.947	1.391	0.084
Z-3	2.67	23.35	0.852	1.903	0.050
Z-4	2.79	19.31	0.904	1.668	0.067
Z-6	3.07	13.97	0.976	1.207	0.100
Z-8	3.09	12.43	0.989	1.073	0.134
H-2	2.67	22.34	0.875	1.929	0.042
H-3	2.88	18.12	0.917	1.565	0.063
H-6	3.01	14.88	0.962	1.285	0.125
Pk-40	2.68	23.12	0.824	1.997	0.013
Pk-80	2.86	18.68	0.911	1.613	0.054
Pk-120	3.02	14.16	0.963	1.223	0.120
Pk-150	3.07	12.95	0.981	1.118	0.188

简化计算式的判定系数 R^2 分别为 0.92 和 0.9，表明数值间的拟合规律较好。

为了验证简化计算式的有效性，随机设计了 4 块面积率不同的双向叠合板，分别采用有限元模拟和简化计算式计算了各板的屈服弯矩和屈服位移，结果表明，两种方法的计算值相差不足 10%，验证了简化计算式的有效性。

第6章 带抗剪键叠合板在地震作用下的力学性能分析

6.1 引　言

从第4章和第5章的分析可以看出，在竖向均布荷载作用下，抗剪键的行间距、列间距和横截面积对叠合板的承载力影响较大，而抗剪键混凝土强度等级和现浇层混凝土强度等级对叠合板的承载力影响较小。实际对于叠合板的关注，除其在竖向荷载作用下的受力性能外，还关注其在地震作用下现浇层和预制底板的整体性，即是否会发生错动，为此，本章将对此问题进行深入分析，并结合前两章的分析结果，给出该种叠合板的设计建议。

6.2 带抗剪键叠合板在地震作用下的计算模型选取

实际的混凝土楼板，其支撑条件有单边支撑（悬臂板）、双边支撑、三边支撑和四边支撑。在这些支撑中：单边支撑属于静定结构，地震作用不会引起叠合板内部的相对变形；三边支撑和四边支撑较双边支撑约束作用更强；双边支撑可能引起叠合板的相对错动最大。因此，本章选取双边支撑的情况进行研究。在地震作用下，单向混凝土叠合板的弯矩图如图6-1所示，为方便计算，将计算模型取为其中的一半，如图6-2所示，分析悬臂板的力学性能。

事实上，因为在均布荷载作用下，单向混凝土叠合板的剪力图如图6-3所示，这种情况下，剪力由支座向跨中减小，剪力不大，而悬臂板在板端荷载作用下的剪力图如图6-4所示，剪力从悬臂板的板端到支座处同样大，这种情况是叠合板最可能发生错动的情况。

综上所述，本章选取如图6-2所示的计算模型，分析带抗剪键叠合板在地震作用下的力学性能。

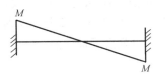

图6-1　单向混凝土叠合板的弯矩图

图6-2　本章计算模型弯矩图

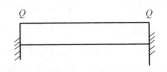

图6-3　单向混凝土叠合板的剪力图

图6-4　本章计算模型剪力图

6.2.1　建立的计算模型

参考第 4 章和第 5 章用于受力过程分析的计算模型，本章首先设计了一块悬臂板的计算模型。悬臂板的几何物理参数见表 6-1，采用第 3 章建立模型的方法，建立了悬臂板的计算模型，如图 6-5 所示。悬臂板的一端固定，另一端施加均布荷载。其余有限元参数设置同第 5 章。

悬臂板的几何物理参数　　　　　　　　　　　　　　　　　表 6-1

抗剪键个数		抗剪键间距(mm)		板尺寸(mm)		抗剪键强度	悬臂板强度
长方向	宽方向	长方向	宽方向	长方向	宽方向		
4	3	300	300	1130	1000	C30	C25

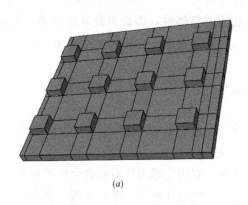 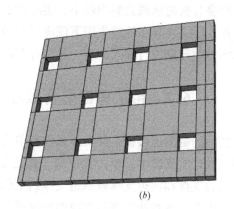

(a)　　　　　　　　　　　　　　　　(b)

图 6-5　带抗剪键叠合悬臂板的模型

（a）带抗剪键的预制底板模型；（b）现浇层模型

6.2.2　带抗剪键叠合板悬臂板的受力过程分析

采用第 4 章和第 5 章介绍的模拟方法，模拟了该悬臂板的受力过程及悬臂板板端均布荷载（纵坐标）总和与悬臂板板端中心挠度（横坐标）的关系。为分析悬臂板的受力过程，提取了其荷载-挠度曲线上 A 点和 B 点的应力进行分析，如图 6-6 所示。A 点为弹性阶段的终止点，B 点为算出最大荷载的点。A 点和 B 点的应力云图如图 6-7 和图 6-8 所示。同时，也列出了最终的变形图，如图 6-9 所示。

从图 6-7 可以看出，在弹性阶段，抗剪键起到了明显的作用，现浇层底面应力云图和预制底板顶面应力云图表现得尤为明显，抗剪键周边混凝土应力明显偏大，说明抗剪键在该处起到了明显的抗剪作用。在现浇层顶面和预制底板顶面，抗剪键周围混凝土的

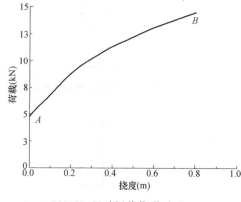

图 6-6　悬臂板荷载-挠度曲线

应力虽然与抗剪键以外的叠合板不同，但差别相对较小。这一段基本是一条直线，这是由于加载初期，叠合板受力较小，挠度较小，处于弹性阶段，随荷载成线性变化。同时，与第4章在均布荷载作用下叠合板的应力云图相比，在弹性阶段，本章叠合板中抗剪键起到的作用更加明显。

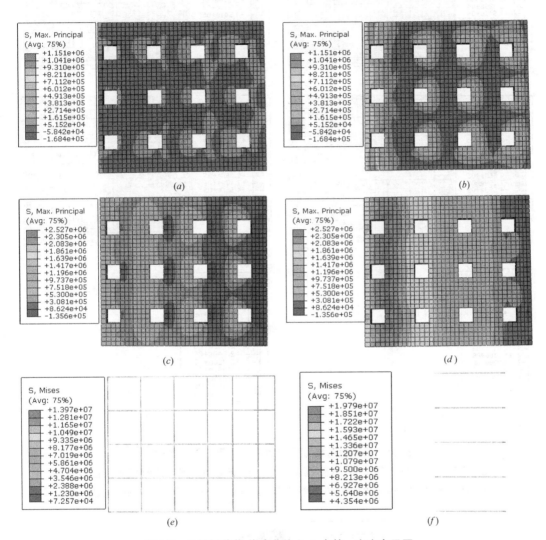

图 6-7　悬臂板荷载-挠度曲线上 A 点第一主应力云图

（a）现浇层顶面第一主应力云图；（b）现浇层底面第一主应力云图；（c）预制底板顶面第一主应力云图；
（d）预制底板底面第一主应力云图；（e）预制底板钢筋网应力云图；（f）现浇层钢筋网应力云图

从图 6-8 可以看出，在计算得到的最大荷载点 B 处，抗剪键周边混凝土的应力与叠合板的应力差别不大，说明此时抗剪键与周边混凝土已经协同变形。钢筋的应力变得很大，说明该阶段钢筋起到了主要的承受荷载作用。

从图 6-9 可以看出，虽然悬臂板发生了很大的水平位移，但是由于抗剪键的存在，悬臂板和叠合板之间并未出现相对错动，叠合板表现出了很好的整体性。

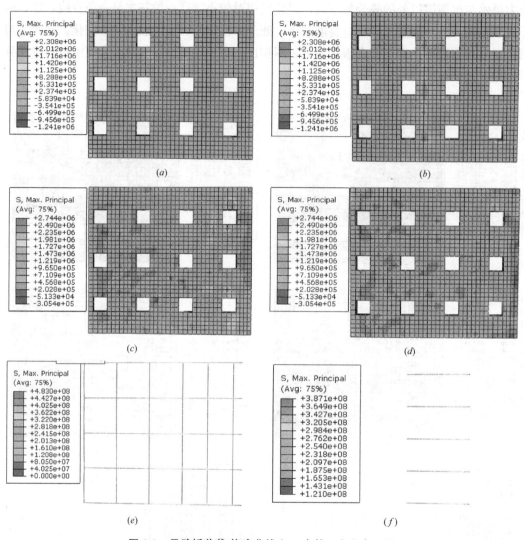

图 6-8　悬臂板荷载-挠度曲线上 B 点第一主应力云图

（a）现浇层顶面第一主应力云图；（b）现浇层底面第一主应力云图；（c）预制底板顶面第一主应力云图；

（d）预制底板底面第一主应力云图；（e）预制底板钢筋网应力云图；（f）现浇层钢筋网应力云图

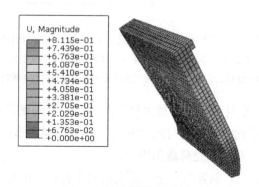

图 6-9　悬臂板最终变形图

6.3　在地震荷载作用下抗剪键存在必要性的探讨

从 6.2 节的分析可以看出，抗剪键间距、抗剪键混凝土强度等级提高，都会提高带抗剪键叠合板悬臂板的承载能力，因此，有必要进一步讨论设置抗剪键的必要性。为此，设计了同尺寸的三块悬臂板，分别为带抗剪键叠合板悬臂板（KJDHB）、现浇板悬臂板（XJB）和不带抗剪键叠合板悬臂板（DHB），对比了三者的荷载-挠度曲线，如图 6-10 所示。从对比结果可以看出：带抗剪键叠合板悬臂板（KJDHB）的承载力最高，这是因为抗剪键的混凝土强度较高引起的，现浇板悬臂板（XJB）次之，而不带抗剪键叠合板悬臂板（DHB）承载力很低，其承载力达不到现浇板悬臂板承载力的一半，由此说明，在地震荷载

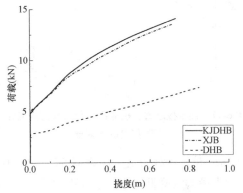

图 6-10　现浇板、带抗剪键和不带抗剪键叠合板悬臂板的荷载-挠度曲线对比

作用下，有必要设置抗剪键。与第 4 章相比，本章抗剪键所起到的作用更大，因此，承载力提高的更加明显。

6.4　带抗剪键叠合板悬臂板的受力性能主要影响因素分析

6.4.1　抗剪键间距的影响分析

为研究抗剪键长方向间距、宽方向间距变化对叠合板悬臂板承载力的影响，设计了 5 块带抗剪键的叠合板悬臂板，尺寸见表 6-2。其中，B1、B2 和 B3 三块板在长方向间距变化，分别为 500mm、185mm 和 300mm，其他几何参数、材料参数完全相同。B3、B4 和 B5 三块板在宽方向间距变化，分别为 300mm、200mm 和 1 排，其他几何参数、材料参数完全相同。板长和板宽方向的荷载-挠度曲线对比，如图 6-11、图 6-12 所示。

抗剪键间距变化的叠合板悬臂板　　　　　　　　　表 6-2

板编号	抗剪键个数		抗剪键间距(mm)		板尺寸(mm)	
	长方向	宽方向	长方向	宽方向	长方向	宽方向
B1	2	3	500	300	1130	1000
B2	6	3	185	300	1130	1000
B3	4	3	300	300	1130	1000
B4	4	5	300	200	1130	1000
B5	4	1	300	—	1130	1000

从图 6-11 和图 6-12 的对比情况可以看出：随抗剪键长方向间距、宽方向间距变化，各叠合板悬臂板的荷载-挠度曲线走势基本相同；随抗剪键长方向间距、宽方向间距的减小，带抗剪键叠合板悬臂板的承载力有所提高。抗剪键沿长方向间距由 185mm 增加到

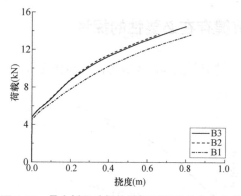
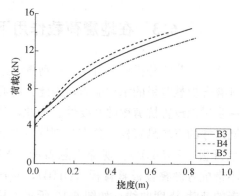

图 6-11　叠合板悬臂板抗剪键间距沿长方向变化的　　图 6-12　叠合板悬臂板抗剪键间距沿宽方向变化的
荷载-挠度曲线对比　　　　　　　　　　　　　荷载-挠度曲线对比

500mm 时，承载力最大约降低 8％，抗剪键沿宽方向间距由 200mm 变为 1 排抗剪键时，承载力最大约降低 10％。这种降低程度与先前课题组对带抗剪键叠合板单向板的试验和理论分析结果相近。由此说明，抗剪键间距对叠合板的承载力影响较大。

6.4.2　抗剪键混凝土强度的影响分析

为研究抗剪键混凝土强度对叠合板悬臂板承载力的影响，设计了 3 块带抗剪键的叠合板悬臂板，尺寸见表 6-3。3 块带抗剪键的叠合板悬臂板的荷载-挠度曲线对比，如图 6-13 所示。

抗剪键强度变化的叠合板悬臂板　　　　　　　　　　　　　表 6-3

板编号	抗剪键个数		抗剪键间距(mm)		板尺寸(mm)		抗剪键混凝土强度
	长方向	宽方向	长方向	宽方向	长方向	宽方向	
KB1	4	3	300	300	1130	1000	C20
KB2	4	3	300	300	1130	1000	C30
KB3	4	3	300	300	1130	1000	C40

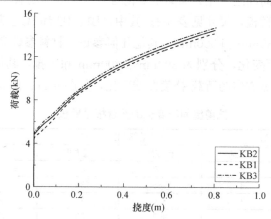

图 6-13　抗剪键混凝土强度等级不同的叠合板悬臂板荷载-挠度曲线对比

从图 6-13 可以看出，抗剪键混凝土强度由 C20 增加到 C40 时，承载力最大约提高 2％，由此说明，抗剪键混凝土强度提高，会提高叠合板悬臂板的承载力，但提高幅度不大，与第 5 章在均布荷载作用下四边简支双向叠合板得到的结论相近。

第7章　带抗剪键叠合板的制作工艺及拼接措施探讨

7.1 引　言

装配式混凝土结构具有施工速度快、节能环保、现场湿作业量小等优点，近些年在国内得到了迅猛发展。在装配式混凝土结构中，常用的楼板是叠合板。从上述6章的内容可以看出，带抗剪键的叠合板，其预制底板与现浇层混凝土间能够较好地粘结成一个整体，由混凝土抗剪键承担二者间的剪力和拉力，同等条件下能承担更大的荷载。近年来，对带抗剪键叠合板受力的研究较多，但对带抗剪键叠合板生产和制作的研究较少。为此，本章将讨论带抗剪键叠合板的制作和连接方法。

7.2　带抗剪键叠合板的制作方法

7.2.1　实验室制作方法

因为试验试件较少，因此，实验室中制作带抗剪键叠合板试件的方法，工业化程度很低。制作时，抗剪键与预制底板分别独立制作。即先制作长条形混凝土柱（可以做成方形、弧形，也可以内置钢筋），养护至混凝土达到预定强度后再用混凝土切割机切割抗剪键块（见图2-3）。

抗剪键块制作完成后，开始布置模板。先铺设地膜，放置和固定模板，然后将钢筋网片和预制的抗剪键放置在图纸设计的位置，浇筑底板混凝土并振捣，养护至底板混凝土达到设计强度即完成带抗剪键叠合板的预制底板制作。在底板上浇筑现浇层混凝土并振捣密实，继续养护至设计强度后，拆除模板，完成带抗剪键叠合板的制作（见图2-4）。

7.2.2　滚压式带抗剪键叠合板的制作方法

由于传统的制作方法过于繁琐，课题组在原有方法的基础上进行了改进。利用混凝土的可塑性，在混凝土初凝但没有完全结硬的状态下，将带有凹槽的滚筒在混凝土上表面滚动，将混凝土挤进凹槽内形成抗剪键。具体方法如下：

如图7-1（a）所示，两个带轨道的纵向钢模板平行相对设置，两个横向钢模板平行相对设置，带轨道的纵向钢模板两端分别连接横向钢模板两端形成框架结构，底部设置钢模板，模板上方设置纵向钢筋和横向钢筋，纵向钢筋和横向钢筋相互垂直，形成网格结构；横向钢模板两端顶部的导轨与轨道顶面对应并卡接，形成叠合板预制底板的主模板，柱形滚筒上的凹槽与上述框架结构相对应。

布置好模板和钢筋网后在模板内浇筑混凝土，浇筑高度略高于预制底板的高度，Δh 为高出底板的高度，$\Delta h = v/s$（其中：v 为凸出的抗剪键的体积；s 为带抗剪键预制底板的底面积），振捣密实，形成滚压前叠合板预制底板的结构。

　　如图 7-1 (b) 所示，在混凝土初凝但没有完全结硬的状态下，在轨道上滚动柱形滚筒。将柱形滚筒由轨道的一端滚至轨道的另一端，利用柱形滚筒的自重对混凝土产生挤压，混凝土在柱形滚筒的凹槽处形成抗剪键，养护达到设计强度后，浇筑现浇层混凝土并振捣密实，继续养护至设计强度后，拆除钢模板，完成带抗剪键叠合板的制作。

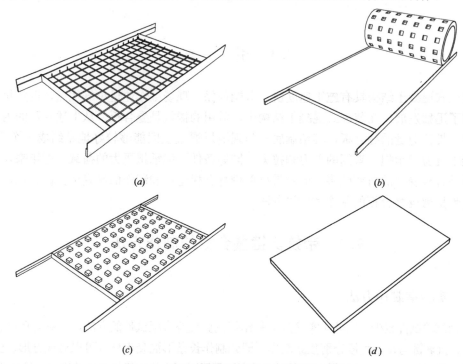

图 7-1　滚压式带抗剪键叠合板的制作过程
(a) 钢筋网及模板布置图；(b) 预制底板及柱形滚筒布置图；(c) 带抗剪键预制底板；(d) 带抗剪键叠合板

7.2.3　移动下压式带抗剪键叠合板的制作方法

　　在滚压式带抗剪键叠合板制作方法的基础上，课题组改进了制作方法，又提出一种移动下压式带抗剪键叠合板的制作方法。滚压式带抗剪键叠合板的制作方法依靠柱形滚筒的自重将混凝土挤压到凹槽内形成抗剪键，由于柱形滚筒体积、自重较大且在滚动过程中会使挤压成型的抗剪键产生轻微的变形，所以课题组提出了一种移动下压式带抗剪键叠合板的制作方法。具体方法如下：

　　如图 7-2 (a) 所示，在钢板上开孔，开孔尺寸与抗剪键的尺寸相同，开孔间距与抗剪键的间距相同，在钢板上侧、开孔四周焊接与抗剪键高度相同的钢板槽，完成下压式模具的制作。

　　按照滚压式带抗剪键叠合板的制作方法布置模板、钢筋网并浇筑混凝土。浇筑高度略高于预制底板的高度，Δh 为高出底板的高度，$\Delta h = v/s$（其中：v 为凸出的抗剪键的体积；s 为带抗剪键预制底板的底面积）。

　　如图 7-2 (b) 所示，在混凝土初凝但没有完全结硬的状态下，将模具放置在混凝土上表面，利用液压设备将模具底部压至带滑道的纵向钢模板的滑道处。混凝土在模具的钢板槽处形成抗剪键，养护达到设计强度后，即完成带抗剪键叠合板预制底板的制作。

浇筑现浇层混凝土并振捣密实，继续养护至设计强度后，拆除钢模板，完成带抗剪键叠合板的制作。

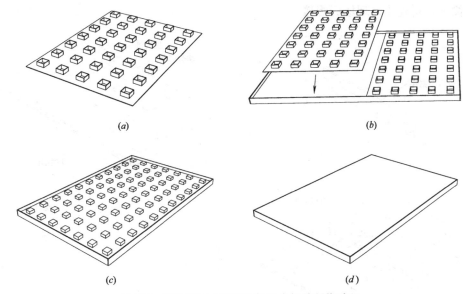

(a) (b)

(c) (d)

图 7-2　移动下压式带抗剪键叠合板的制作过程
(a) 带钢板槽的模具；(b) 模具下压过程；(c) 带抗剪键预制底板；(d) 带抗剪键叠合板

7.3　带抗剪键叠合板的连接方法

目前，在实际工程中，叠合板与叠合板间主要采用分离式拼缝的连接方式，即在叠合板间拼缝处紧贴预制底板顶面设置垂直于板缝的拼缝钢筋，预制底板内的钢筋相互独立。另外，也有学者提出了钢板连接、榫卯连接等新型连接方式。课题组在上述研究的基础上，基于钢转接件连接叠合板的思想，提出了一种采用 T 型钢件连接带抗剪键混凝土叠合板和侧悬钢筋连接带抗剪键混凝土叠合板的方案。

7.3.1　T 型钢件连接带抗剪键混凝土叠合板

该种叠合板主要由现浇层和带抗剪键预制混凝土底板组成。T 型钢件有翼缘预留孔和腹板预留孔，在预制混凝土底板的板底上设有预制混凝土底板纵向钢筋和预制混凝土底板横向钢筋，预制混凝土底板纵向钢筋和预制混凝土底板横向钢筋分别穿过翼缘预留孔，并焊接到翼缘预留孔上。预制混凝土底板的厚度与 T 型钢件的翼缘高度一致，为实际设计叠合板厚度的一半，如图 7-3（a）所示。预制混凝土底板侧面均匀间隔布置 T 型钢件，按上述带抗剪键预制混凝土底板的制作方法制作底板，如图 7-3（b）所示。

该方案的实施过程如图 7-3（c）和图 7-3（d）所示，主要包括如下步骤：将两块预制混凝土底板吊装到预定位置，预制混凝土底板的相邻侧面对接，对接后，T 型钢件的腹板在同一水平位置，并紧密接触；将板底 U 型连接钢筋从 T 型钢件的腹板底部穿过腹板预留孔，紧密连接两块预制混凝土底板，在预制混凝土底板的顶面布置板顶 U 型连接钢筋；完成上述连接后浇筑现浇层，完成叠合板之间的连接。

　　在该方案中，板底钢筋由弯矩产生的拉力，可通过插入两块 T 型钢件腹板预留孔内的 U 型连接钢筋传递，因此采用该方案连接的单块混凝土板能够满足双向板的传力要求，且施工简便，拼缝小，现场无焊接。

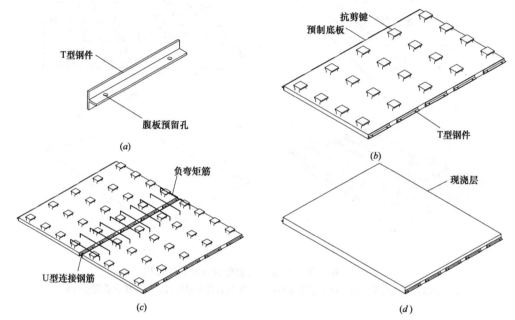

图 7-3　T 型钢件连接带抗剪键混凝土叠合板的构件与结构

（a）T 型钢件；（b）预制带 T 型钢件的混凝土底板；（c）预制混凝土底板连接完成；（d）浇筑现浇层后的叠合板

7.3.2　侧悬钢筋连接带抗剪键混凝土叠合板

　　该种叠合板主要由现浇层和侧悬钢筋带抗剪键预制混凝土底板组成。在预制混凝土底板的板底设有 U 型连接钢筋，U 型连接钢筋包括纵向 U 型钢筋和横向 U 型钢筋，纵向 U 型钢筋和横向 U 型钢筋组成网状结构的 U 型连接钢筋，将 U 型连接钢筋外露于预制混凝土底板，按上述带抗剪键预制混凝土底板的制作方法制作底板，如图 7-4（a）所示。将连接钢板开孔，开孔间距与预制混凝土底板 U 型连接钢筋的间距相同，如图 7-4（b）所示。

　　该方案的实施过程如图 7-4（c）和图 7-4（d）所示，主要包括如下步骤：将两块预制混凝土底板吊装到预定位置，预制混凝土底板相邻侧面的侧悬钢筋在同一水平位置，并且每个侧悬钢筋的两端分别与预制混凝土底板紧密接触，将连接钢板套入侧悬钢筋的竖向部分，并将侧悬钢筋伸入连接钢板的部分与连接钢板焊接在一起，或将侧悬钢筋伸出连接钢板的部分向下弯折 45°，从而完成两块预制混凝土底板板底钢筋的连接。同时，相邻两块预制混凝土底板的上部之间跨设负弯矩筋；完成上述连接后浇筑现浇层，完成叠合板之间的连接。

　　对于该方案，预制混凝土底板间通过穿插于侧悬钢筋的连接钢板连接，现场施工速度快，板底正弯矩的传力可靠，预制混凝土底板间的连接牢固。

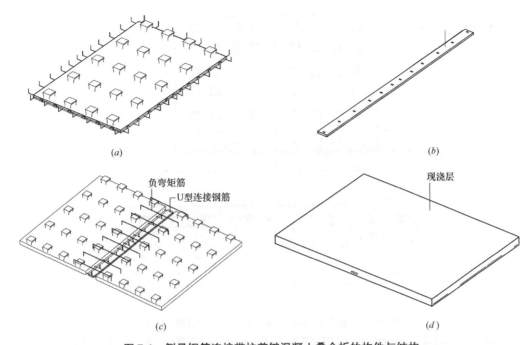

(a)

(b)

负弯矩筋

U型连接钢筋

(c)

现浇层

(d)

图 7-4　侧悬钢筋连接带抗剪键混凝土叠合板的构件与结构

（a）预制混凝土底板；（b）带孔的连接钢板；（c）预制混凝土底板连接完成；（d）浇筑现浇层后的叠合板

7.3.3　带抗剪键混凝土叠合板与梁的连接

　　带抗剪键混凝土叠合板与边梁的连接，如图 7-5 所示：将带抗剪键的预制底板的端部搭到边梁上，并使其端部与预埋于边梁中的梁内预埋端头带螺纹的钢杆的侧面相接；在梁内预埋端头带螺纹的钢杆上端安装固定钢板，并将固定螺母拧紧于梁内预埋端头带螺纹的钢杆上，使固定钢板与预制底板接触紧密；在板端布置边梁处板的负弯矩筋，其中边梁处板的负弯矩筋的一端支撑于边梁上，另一端支撑于预制底板上；浇筑混凝土，完成改进的带抗剪键混凝土叠合板与边梁的连接。

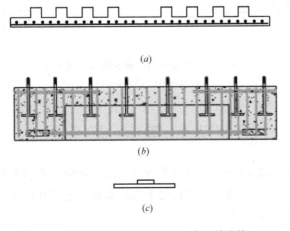

(a)

(b)

(c)

图 7-5　带抗剪键混凝土叠合板与边梁的连接（一）

（a）带抗剪键的预制底板；（b）边梁；（c）固定钢板和螺母

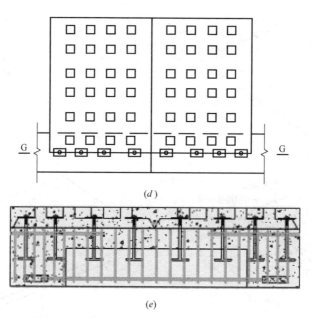

(d)

(e)

图 7-5 带抗剪键混凝土叠合板与边梁的连接（二）

（d）带抗剪键混凝土叠合板与边梁连接完成的俯视图；（e）带抗剪键混凝土叠合板沿 G-G 的剖面图

带抗剪键混凝土叠合板与中梁的连接，如图 7-6 所示：将带抗剪键的预制底板的端部搭到中梁上，两块预制底板的斜面与中梁平行；在与中梁相邻的预制底板的搭接钢筋槽内放置搭接钢筋，在预制底板上放置垂直于预制底板的中梁处板的负弯矩筋；当中梁处板的负弯矩筋与抗剪键位置冲突时，根据实际情况加密中梁处板的负弯矩筋，使其可以避开抗剪键；浇筑混凝土，完成改进的带抗剪键混凝土叠合板与中梁的连接。

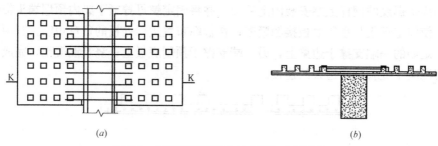

(a)

(b)

图 7-6 带抗剪键混凝土叠合板与中梁连接

（a）俯视图；（b）剖面图

7.4 结 语

本章主要介绍了带抗剪键叠合板的制作方法以及带抗剪键叠合板与叠合板间、带抗剪键叠合板与梁间的连接方法，这些方法还处于探索阶段，还需在后续的研究中，结合生产实践，给出更适合工程应用的方法。

参 考 文 献

[1] 杜剑. 预应力混凝土双向叠合板拼缝搭接试验研究 [D]. 天津：天津大学，2007.

[2] 刘阳. 叠合空心板的受力性能研究 [D]. 长春：吉林建筑工程学院，2010.

[3] 陈立. 预应力混凝土空心叠合板的试验研究与分析 [D]. 长沙：湖南大学，2007.

[4] Cook J P. Composite Structure Methods [M]. American，1976.

[5] 蒋森荣. 预应力钢筋混凝土结构学 [M]. 北京：建筑工程出版社，1959.

[6] 赵顺波，张新中. 混凝土叠合结构设计原理和应用 [M]. 北京：中国水利电力出版社，2001.

[7] 周旺华. 现代混凝土叠合结构 [M]. 北京：中国建筑工业出版社，1998.

[8] 北京市建筑设计院. 北京市水产公司冷库装配整体式无梁屋盖结构总结 [R]. 1973.

[9] Saemal J C, Washa G W. Horizontal Shear Connections Between Precast Beams and Cast-in-Plane Slabs [J]. ACI Journal, 1964 (61)：11.

[10] Giunta G, Catapano A, Belouettar S, et al. Failure analysis of composite plates subjected to localized loadingsvia a unified formulation [J]. Journal of Engineering Mechanics, 2011.

[11] Kumar G, Thevendran V. Finite element modeling of double skin composite slabs [J]. Elements in Analysis and Design, 2002, 38 (7)：579-599.

[12] Girhammar U A, Pajari M. Tests and analysis on shear strength of composite slabs of hollow core units and concrete topping [J]. Construction and Building Materials, 2008, 22 (8)：1708-1722.

[13] Schuurman R G, Stark J W B. Longitudinal Shear Resistance of Composite Slabs：A New Model [J]. ASCE Conf. Proc, 2002.

[14] Burnet M J, Oehlers D J. Rib shear connectors in composite profiled slabs [J]. Steel Research, 2001, 57 (12)：1267-1287.

[15] 畅君文，候刻伟. 钢筋预应力混凝土叠合板的静载试验与设计研究 [J]. 建筑结构，1999 (8)：23-25.

[16] 王理满，蔡仁祉，赵健. 高强螺旋肋钢丝预应力混凝土叠合楼板的结构性能研究 [J]. 混凝土，2001，139 (5)：54-56.

[17] 杨万庆. 螺旋肋筋预应力混凝土叠合板的试验研究 [J]. 武汉理工大学学报，2001，23 (3)：69-72.

[18] 刘汉朝，蒋青青. 倒 "T" 形叠合简支板的试验研究 [J]. 中南大学学报（自然科学版），2004，35 (1)：147-150.

[19] 李耀庄，蒋青青，黄赛超. 混凝土倒 T 形叠合连续板的试验研究 [J]. 中南工业大学学报（自然科学版），2003，34 (6)：695-698.

[20] 吴方伯，汪幼林，周绪红，等. 混凝土密肋空心楼盖试验研究 [J]. 建筑科学与工程学报，2006，23 (1)：59-62.

[21] 刘亚敏，吴方伯，陈立，等. WFB预应力混凝土圆孔叠合板受力性能试验研究 [J]. 四川建筑 2007，27 (1)：114-116.

[22] 吴方伯，陈立，刘亚敏. 预应力混凝土空心叠合板试验 [J]. 建筑科学与工程学报，2008，25 (4)：88-92.

[23] 刘成才，李九宏，刘善彬. 预应力混凝土空心叠合板结构性能试验研究 [J]. 四川建筑科学研究，2010，36 (6)：19-22.

[24] 刘成才，李九宏. 预应力混凝土空心叠合板结构性能试验研究及影响因素分析 [J]. 工业建筑，2011，41 (2)：35-38.

[25] 郭乐工，王铁成，郭乐宁，等. 冷轧带肋钢筋预应力混凝土叠合板与空心底板受弯承载力相关性分析 [J]. 建筑结构，2011，41 (5)：82-84.

[26] 赵成文，陈洪亮，高连玉，等. 预应力混凝土空腹叠合板性能研究与工程应用 [J]. 沈阳建筑大学学报（自然科学版），2005，21 (4)：297-301.

[27] 朱茂存，刘宗仁，陈忠汉. 预应力混凝土夹芯叠合板的性能分析 [J]. 混凝土与水泥制品，2001 (5)：47-49.

[28] 周友香，王非平. 钢筋混凝土双向密肋夹心（空心）叠合板楼盖的研究 [J]. 南华大学学报（自然科学版），

2005，19（1）：91-95.

[29] 吴学辉，丁永君. 单向预应力混凝土双向叠合板非线性有限元分析 [J]. 甘肃科技，2009，25（12）：109-111.

[30] 吴方伯，黄海林，陈伟，等. 预制预应力带肋底板-混凝土叠合板双向受力效应理论研究 [J]. 工业建筑，2010，40（11）：55-58.

[31] 岳建伟，彭燕伟，魏锟. 带肋预应力叠合板在钢结构工程中的应用 [J]. 建筑技术，2010，41（12）：1090-1093.

[32] 吴方伯，黄海林，陈伟，等. 叠合板用预制预应力混凝土带肋薄板的刚度试验研究与计算方法 [J]. 湖南大学学报（自然科学版），2011，38（4）：1-7.

[33] 刘轶，童根树，李文斌，等. 钢筋桁架叠合板性能试验和设计方法研究 [J]. 混凝土与水泥制品，2006（2）：57-60.

[34] 刘轶. 自承式钢筋桁架混凝土叠合板性能研究 [D]. 杭州：浙江大学，2006.

[35] 赵磊. 自承式钢筋桁架混凝土叠合板设计计算方法研究 [D]. 长沙：中南大学，2007.

[36] 王立国. 带抗剪键叠合板的力学性能及影响因素分析 [D]. 沈阳：沈阳建筑大学，2015.

[37] 颜伟. 带抗剪键叠合板的力学性能及设计方法研究 [D]. 沈阳：沈阳建筑大学，2016.

[38] 王浩然. 带抗剪键叠合板的受力性能研究 [D]. 沈阳：沈阳建筑大学，2018.

[39] 余泳涛，赵勇，高志强. 单缝密拼钢筋混凝土叠合板受弯性能试验研究 [J]. 建筑结构学报，2019，40（4）：29-37.

[40] 吴瑞春，孟令帅，杜红凯，等. 轻骨料混凝土叠合板受力性能试验研究 [J]. 结构工程师，2017，33（6）：103-109.

[41] 赵山，吴泽玉. 预应力混凝土连续空心叠合板试验研究 [J]. 混凝土，2015，5：131-133.

[42] 胡宪鑫. 钢筋桁架混凝土楼板受力性能分析 [D]. 郑州：郑州大学，2015.

[43] 中国建筑科学研究院，等. 混凝土结构试验方法标准：GB/T 50152—2012 [S]. 北京：中国建筑工业出版社，2012.

[44] 石钟慈，王鸣. 有限元方法 [M]. 北京：科学出版社，2010.

[45] Jiang Y L. A finite element method on the plane elastic material analysis [J]. Applied Mathematics and Mechanics，1988，9（2）：159-165.

[46] 王玉镯，傅传国. ABAQUS 结构工程分析及实例详解 [M]. 北京：中国建筑工业出版社，2010.

[47] 刘展. ABAUQS 有限元分析从入门到精通 [M]. 北京：人民邮电出版社，2015.

[48] Ma F J，Kwan A K. Finite element analysis of concrete shrinkage cracks [J]. Advance in Structural Engineering，2018，21（10）：1454-1468.

[49] 刘劲松，刘红军. ABAQUS 钢筋混凝土有限元分析 [J]. 装备制造技术，2009（6）：69-70.

[50] Alexander C，James E C. Nonlinear frame analysis by finite element methods [J]. Journal of Structural Engineering，1987，113（6）：1221-1235.

[51] 中国建筑科学研究院. 混凝土结构设计规范：GB 50010—2010 [S]. 2015 年版. 北京：中国建筑工业出版社：2015.

[52] 王强，朱丽丽，李哲，等. 用于 ABAQUS 显式分析梁单元的钢筋本构模型研究 [J]. 土木工程学报，2013，46（S2）：100-105.

[53] 许东. 钢筋混凝土叠合板拼缝构造试验研究与数值模拟 [D]. 合肥：合肥工业大学，2014.

[54] 张翔，沈小璞. 刚度减弱的叠合式双向楼板内力与挠度研究 [J]. 建筑结构，2013，46（22）：99-104.

[55] 李辉. 预应力混凝土双向叠合板设计与理论分析 [D]. 济南：山东建筑大学，2017.

[56] 高晓鹏. 现浇楼板对 RC 框架结构的抗震性能影响 [D]. 广州：广东工业大学，2011.